U0176151

本书为浙江省哲学社会科学重点研究基地规划课题"《浙江文化研究》与在杭日本特务的情报侦缉之研究"（编号：15JDDY01YB）的最终结项成果之一

中国当代研学丛书

文化

东亚服饰文化交流研究

李志梅 | 著

中央编译出版社

Central Compilation & Translation Press

图书在版编目（CIP）数据

东亚服饰文化交流研究 /李志梅著. —北京：
中央编译出版社，2020.3
ISBN 978-7-5117-3856-1

Ⅰ. ①东…

Ⅱ. ①李…

Ⅲ. ①服饰文化—文化交流—研究—东亚

Ⅳ. ① TS941.12

中国版本图书馆 CIP 数据核字（2020）第 012446 号

东亚服饰文化交流研究

出 版 人：葛海彦
责任编辑：郑永杰
责任印制：刘　慧
出版发行：中央编译出版社
地　　址：北京西城区车公庄大街乙 5 号鸿儒大厦 B 座（100044）
电　　话：(010) 52612345（总编室）　　　　(010) 52612365（编辑室）
　　　　　(010) 52612316（发行部）　　　　(010) 52612346（馆配部）
传　　真：(010) 66515838
经　　销：全国新华书店
印　　刷：三河市华东印刷有限公司
开　　本：710 毫米×1000 毫米　1/16
字　　数：262 千字
印　　张：16
版　　次：2020 年 3 月第 1 版
印　　次：2020 年 3 月第 1 次印刷
定　　价：88.00 元

网　　址：www.cctphome.com　　　邮　　箱：cctp@ cctphome.com
新浪微博：@中央编译出版社　　　微　　信：中央编译出版社(ID: cctphome)
淘宝店铺：中央编译出版社直销店(http://shop108367160. taobao.com) (010) 55626985

本社常年法律顾问：北京市吴栾赵阎律师事务所律师　闫军　梁勤
凡有印装质量问题，本社负责调换，电话：(010) 55626985

序　言

　　服饰是人类特有的劳动成果，它既是物质文明的结晶，又具精神文明的含义。人类社会经过蒙昧、野蛮到文明时代，从最初的裹兽皮树叶遮身暖体，到如今的用绫罗绸缎尽显身材，服饰已经是人类社会一个文明进步、发达的标杆。然诚如"爱美之心人皆有之"所言，衣冠于人，犹金装在佛，其作用远超遮身暖体之实用性，而是更具美化功能、社会效应。可以说几乎从服饰出现那天起，人们就已将其生活习俗、审美情趣、色彩爱好，以及种种文化心态、宗教观念，都沉淀其中，穿戴在身，构筑成了丰富的服饰文化精神和文明内涵。也正因如此，伴随着时代的发展，服饰在不同的社会中也代表着不同的权力运作的符号意义，在很长时间里成了封建统治阶级"别华夷、明尊卑"的重要手段之一，这就是五花八门、等级森严的"服制"。

　　鉴于此，我在文中展开论述的"服饰文化"自然包括物质、精神、制度三大方面。服饰的物质文明主要包括纺织技术、面料种类、染色工艺、裁剪缝制、佩饰配饰等，精神文明可分为款式、图案、色彩、社会功能等，制度文明则主要是各个历史时期的冠服制度、着装禁忌和某些特殊功能。

　　而本书冠名的"东亚"原本属于一个不言自明的文化地理概念，但因它一时曾成为热切想要"脱亚"的近代日本内部的东方主义者所建构的熟语，所以从此以后的国人心理就被"东亚"一词蛰噬，留下一个难以磨灭的悲悯印记，与纯粹的空间概念渐行渐远。而我无意纠缠于学界对此词阐释上的龃龉与口水战，我们所说的"东亚"业已完成了"去脉络化"的处理，并进行了历史性批判，而不再含有 20 世纪日本帝国时期的那种将东亚"实体化"的意味。概言之，本书"东亚"所涵盖的是历史上曾经是"汉字共同体"抑或"汉字流通区"成员的中国、日本、朝鲜半岛、越南及被日本吞并之前的琉球王国。

本书将以交流史的观点重点阐述明清时期东亚区域各国的服饰文化，主要涉及明清两朝的中国、室町及江户时代的日本、李氏朝鲜、琉球王国等，具体包括中日、中琉、中朝、日朝等双边乃至多国之间的纺织品交流、衣冠制度影响以及服饰文化的介绍与印象。值得一提的是，由于明清时期的东亚区域中，中国的服饰制度还是纺织技术都处于文化高势位，因此总的来说中国的服饰文化对周边诸国影响较多较大。其中，尤以朝鲜王朝最具代表性。在元明易代之际，中国与朝鲜半岛的社会文化变迁显示出相当程度的联动性。与明初的"去蒙古化"运动遥相呼应，丽末鲜初朝鲜半岛也发生了类似的文化变革。明初建立的"大明衣冠"体系迅速被丽末士大夫视作"华夏"文化复兴的表征而接受明朝衣冠，也在高丽的历史与文化脉络中被赋予了"追复祖宗之盛"的特殊意义。在丽末鲜初跌宕起伏的中朝关系里，"衣冠"成为构建文化和政治认同的一个重要符号。① 这种中国与周边藩属国之间通过以服饰（含衣料）作为赐品的交流，有学者将其上升到"服饰外交"的层面来加以研究。②

---

① 张佳：《衣冠与认同：明初朝鲜半岛袭用"大明衣冠"历程初探》，载《史林》，2017 年第 1 期。

② 蒋玉秋、赵丰：《一衣带水 异邦华服——从〈明实录〉朝鲜赐服看明朝与朝鲜服饰外交》，载《南京艺术学院学报（美术与设计）》，2015 年第 3 期。

要研究中国明清服饰文化对外传播，首先要了解中国在这两个历史时期所涌现的独特服饰文化内涵。

朱元璋建立大明王朝后，一心以恢复汉制为朝纲宗旨，禁止胡服、胡语、胡姓，规定衣冠悉如唐代形制。因此，上到皇帝的冠服，下至文武百姓服饰，对其样式、等级、穿着礼仪等都有严格规定，就连日常服饰，也有明文规定。而明代妇女服饰规定：民间妇女只能用紫色，不能用金绣；袍衫只能用紫绿、桃红及浅淡色，不能用大红、鸦青、黄色；带则用蓝绢布；鞋式仍为凤头加绣或缀珠；等等。在东亚诸国中，凡是正式册封为臣属"国王"的，一律赐予冠服、布料，赏赐惠及王妃、太子、大臣。因此，朝鲜王朝的服饰制度受大明影响较深，明风服饰保留了很长时间。其次是琉球王国，虽然没有像朝鲜那样受影响深刻，但直到清代，这种影响还在持续，这从国子监琉球官生的穿着可见一斑。同时，清朝政府对藩属国的服饰制度采取了比较宽松的政策，允许它们保持本民族特色。在日本，无论是室町时期朱棣敕赐三代将军足利义满的冠服，还是万历年间朱翊钧封赏给丰臣秀吉的冠帽，受封者都曾以此为荣，对大明的冠服表示出好感的一面。但无论是足利义满还是以后的历代将军，包括丰臣秀吉，对大明的衣冠只是表现出一时兴趣，并没有积极在其国内推广，因此"政令不出行宫"，总的来说，大明的衣冠制度对日本的影响不及对朝鲜、琉球之大。

尽管如此，在日朝、朝琉之间很长的文化交流中，看似中国不在现场，但中国或多或少地发挥了"不在场的在场者"的作用，换言之，很多时候东亚诸国人士在谈论服饰文化时，往往会以中国作为参照，来衡量自己国家或对方国家的文明高低。例如，朝鲜通信使在纪行文集《海行总载》中关于日本江户时代衣冠服饰礼俗的记录中，认为日本社会根据身份不同而有大体的衣冠等级规范，但同时又普遍穿着斑斓彩衣、不戴冠巾、无靴鞋履舄、跣足而行，且衣制"不秘"、俗尚染齿，全社会无丧服法度，这些都完全不合儒家"别上下、防男女、去夷狄"的衣冠伦理。更甚者，行外交接聘之时，日本也体现不出衣冠威仪及君臣之别。因此，朝鲜通信使从儒家礼义的角度批判了日本的衣冠礼俗，并据此认为日本人是"诡怪"、"巧伪"、"蛮夷"之民。①

清崇德三年（1638），清廷下令对他国衣冠束发裹足者，重治其罪。其官服等级差别主要反映在冠上的顶子、花翎和补服上所绣的禽鸟和兽类。男子的服饰以长袍马褂为主，此风在康熙后期至雍正时期最为流行。妇女服饰在清代可谓满、汉族服饰并存。满族妇女以长袍为主，汉族妇女则仍以上衣下裙为时尚。清代中期始，满汉各有仿效，以致妇女服饰的样式及品种也越来越多样化。但在对藩属国的服饰制度上，清廷采取的政策明显不同于之前的朝代，允许各国选择比较自由的服饰习俗，对各国国王也基本取消了冠服赏赐的制度。正因如此，清代以后，东亚诸国的服饰文化交流出现了多样化的趋势，"服饰宗主国"的历史印象亦随之淡化。

文化的交流总是双向甚至多向的，服饰也不例外，换言之，周边诸国对我们服饰文化的影响也不可忽视，最典型的就是日本生产的布料。历史文献记载日本第一次贡献的方物中就有布料，汉武帝时日本朝贡的麒麟锦炫人眼目，麒麟锦转记于很多文献。此后日本朝贡屡有布料。到了明清时期，来自日本的倭缎对明清时期中国的纺织技术、服饰文化产生过不小的作用。虽然中国多地成功仿制了日本的这一纺织技术，但仍以"倭缎"命名。不仅如此，在康熙朝的荷兰贡品中，也有倭缎。倭缎也是明清小说中出现最多的日本方物之一，成为当时财富象征的物品之一。②再如琉球王国，尽管纺织技术比较落后，但到了 15 世纪末期，

---

① 金禹彤：《论朝鲜通信使眼中的日本衣冠服饰礼俗——以〈海行总载〉记录为例》，载《东北师大学报（哲学社会科学版）》，2013 年第 4 期。
② 张哲俊：《〈红楼梦〉与清代小说中的倭缎》，载《红楼梦学刊》，2003 年第 4 辑。

其贡品中有较多的"土夏布"和"芭（土）蕉布"。万历期间，一名史称"蔡夫人"的琉球使者还向明朝上贡了自己所织的美丽绝伦的花布等。

对于服饰文化史的研究，明史专家张显清曾说，它不仅在于探索某一历史时期的服饰状况，而且可以从服饰的层面观察这个时代的社会形态和政治体制的特征。服饰史研究，对于经济史、社会史、文化史、民族史、工艺美术史研究都会起到重要的推进作用。"问俗知变"，包括服饰史在内的社会风俗的变化是社会整体变迁的鲜明标志，因此研究社会的变迁，不能不研究服饰的变化。也就是说，服饰的变化是社会变迁的风向标。服饰文化具有传承性。①

我毕业于服装设计与工程专业，曾长期在国内相关企业从事服装设计、缝制工艺的工作，积累了一定的经验。20世纪90年代，我又赴日本有关服饰公司进行了较长时间的进修学习，对日本的服饰有了更深一步的了解。回国后，调任职业学院工作，从事服装设计与工程的教学与科研工作。多年以来，我将自己在教学中的经验、留学经历以及调查研究所取得的资料相互结合，在国内期刊上发表了多篇有关明清东亚诸国服饰文化交流的研究文章，为本书的撰写打下了一定基础。

杭州地处江南胜地，各种文化事业繁荣发达，尤其是女装设计在国内首屈一指。我在多年与企业对接的过程中，积累了一些女装设计的经验。同时杭州又是一个开放的都市，国际交流频繁，尤其与邻国日本、韩国多地缔结为友好城市、姐妹都城，这为我更多地接触日韩服饰设计文化提供了有利条件。

此外，我在研究中发现，关于中日韩服饰设计应用的研究文章虽有一些，但对明清时期的基础研究相对薄弱，已有研究大多篇幅短小、语

---

① 王熹：《明代服饰文化研究》"张显清序"，中国书店2013年版，第1—2页。

焉不详。尤其是对明清时期传入的日本服饰、中琉服饰交流，日朝服饰文化比较以及东亚诸国人士之间的服饰观等领域的研究比较缺少，这一点对我们了解整个服饰设计的发展史以及服饰工艺而言不得不说是一个缺憾。

　　因此，作为一名从事服装设计教学与研究人员，有责任厘清明清东亚诸国之间的服饰文化环流之态势、特点，从而反哺于教学，为学生讲解历史的成败得失。同时为继承与发展中国服饰文化提供参考，为努力探索中国服饰设计的文化复兴与时尚创新做出一定的尝试。

李志梅

2019 年 10 月于西溪璞园

Contents

目 录

第一章

日本服饰文化漫谈三则

从文化层面来说，服饰可谓是一个人身份的象征、文明的象征甚至是社会地位的象征。日本也不例外，不同阶层、不同职业、不同收入的人群，在服饰上也相应表现出较大差异。而提到日本服饰，"和服"一定是一个耳熟能详的名称，它甚至成了日本服饰文化的总代理，有时也成了日本的代称。但正如图1-1所示，穿着和服打手机即传统与时尚的完美结合，在日本已是街头常景。当今的日本，服饰文化异常发达，服饰款式也是五花八门，日式、中式、韩式、欧式、美式等随处可见，形成了一种时空交错的景象。

日本的服饰文化，总的来说在明治维新之前，受中国文化影响较大，"欧风美雨"之后，受欧美文化的影响较大。本章以"吴服""足袋""燕尾服"为例，谈谈日本服饰文化的一些特点。

图1-1 日本的传统（和服）
与现代（手机）

第一节　吴服与日本和服

中日文化交流源远流长，虽互有往来，但古代的中国一直处于文化高势，以其影响日本为主，服饰文化也如此。而吴越地区是世界上养蚕缫丝的发源地，该地区的养蚕纺织技术与日本的交往传播也很早。下文将以"吴服"为例，谈谈中国服饰文化对日本的影响。

对于"吴服"，一般解释为从中国吴国传来的技术织成的纺织品、纺织物的总称，日语音读为"ごふく"，训读为"くれはおり"，专门经营吴服的店被称为"吴服屋"。其实走进吴服屋一看，里面不仅有和服的成衣可以买，也可以买到各式各样的布料以及和服穿着时的配饰，如腰带、足袋、木屐、提包、头饰等，可以说和服的穿着是一个系统工程，从头到脚都要经过一番精心装饰，才能穿出它特有的韵味（见图 1-2）。

把经营布料的店称为"吴服屋"，大概是在日本的江户时代（1603—1867）。日本全国现在到底有多少吴服店，准确的数字一时无法统计。据成立于 1957 年的日本"全国吴服专门店协同组合"的有关数据表明，日本全国登录在册的至少达 442 家。该组织每年召开一次全国大会，两个月举行一次理事会，并建有专门的网站。1996 年，日本"全国吴服零售行业总会"把每年的 5 月 29 日定为"吴服节"，据说主要理由是日语的"529"与吴服的发音很相似，可见吴服在日本的重要性。

图 1-2　女用和服套装

一、"吴服"与"吴"

追溯吴服的起源，具有相当悠久的历史。从《日本书纪》（成书于720年）的记载来看，吴（吴人、吴国）与日本的正式交通始于日本应神天皇治世（270—312），在雄略天皇治世（457—479）达到巅峰，从推古天皇（592—628年在位）开始转向与隋唐交往。如将与吴服交流有关的史料按年份进行罗列，则为如下：

1. 应神天皇三十七年（306）：春二月戊午朔，遣阿知使主、都加使主于吴，令求缝工女。爰阿知使主等渡高丽国，欲达于吴。则至高丽，更不知道路。乞知道者于高丽，高丽王乃副久礼波、久礼志二人为导者，由是得通吴。吴王于是与工女兄媛、弟媛、吴织、穴织四妇女。

2. 应神天皇四十一年（310）：春二月甲午朔戊申，天皇崩于明宫，时年一百一十岁。是月，阿知使主等自吴至筑紫。时胸形大神有乞工女等，故以兄媛奉于胸形大神，是则今在筑紫国御使君之祖也。既而率其三妇女以至津国，及于武库而天皇崩之。不及，即献于大鹪鹩尊。是女人等之后，今吴衣缝蚊屋衣缝是也。

3. 雄略天皇十四年（470）：春正月丙寅朔戊寅，身狭村主青等共吴国使，将吴所献手末才伎、汉织、吴织及衣缝兄媛、弟媛等，泊于住吉津。是月，为吴客道，通矶齿津路，名吴坂。三月，命臣连迎吴使。即安置吴人于桧隈野，因名吴原。以衣缝兄媛奉大三轮神，以弟媛为汉衣缝部也。汉织、吴织衣缝是飞鸟衣缝部、伊势衣缝部之先也。[①]

上述的"吴"一名，大致包括今杭嘉湖与苏州一带，东汉时称吴郡。这些丝织工与缝衣工因属普通人氏，没有留下姓名，故在日本史书上仅记载吴织、汉织等。但她们在日本以制作服装为主，把中日两国的服装的长处融合在一起，深受日本人民的欢迎，所以日本人把她们制作的服装称为吴服，后因音近转为"和服"。因此，吴服东传具有一千八百余年的悠久历史。

二、谣曲《吴服》与"吴服神社"

关于吴服，在日本流传着这样的谣曲。天皇身边的一位大臣在去西京参

---

① 上述史料均出自［日］佐伯有义：《增补六国史·日本书纪》，朝日新闻社1940年版。

拜的途中，经过一个被称为"吴服之乡"的地方。见松树下两个织女正在忙碌，一个引线，另一位纺织。这位大臣觉得很奇怪，决定上前问个究竟。两位织女说，她们是专门为应神天皇缝制皇袍的吴织（くれはとり）和汉织（あやはとり）姐妹，以前，随日本使者从中国的吴国东渡来日。黎明时分，吴织现身天女，一边唱着《君之代》，一边翩翩起舞，并织了绫锦奉上。显然，这谣曲是《日本书纪》为基本素材，加上日本人丰富的想象力创作而成。

鉴于吴服织女的伟大功绩，日本人民还专门建造了吴服神社以示纪念。吴服神社（くれはじんじゃ）的本社在大阪府池田市室町，祭神为"吴织媛"和"仁德天皇"。关于其缘起极具委婉色彩：应神天皇派遣阿知使主赴吴国请求织工时，高丽的久礼波、久礼志作为向导随同前往，结果，吴织、汉织、兄媛、弟媛四人随日本使者东渡而来。一行抵达九州筑紫潟时，应胸形明神之请，兄媛、弟媛两人留了下来，另两人径直来到摄津国武库浦。在这里，朝廷专门建造了厂房，吴织和汉织不分昼夜，因时制宜地为天子和万民纺织布匹。同时，她们还把纺织的各种技术传授给日本人，因此服饰不仅男女异装，而且寒暑有别，为日本的文明开化起了很大作用。

385年9月18日，被奉为"吴服大神"的吴织去世，享年139岁。遗体被安放在伊居太神社的梅室里，遗物三面神镜收藏于同神社的姬室里。翌年，仁德天皇赐旨建造神祠即吴服神社（见图1－3）。大神曾经用于染色的"染

图1－3　吴服神社

殿井"和晒丝线的松树"衣悬松"至今还在。

据说大神降下神谕说："我身为衣神，有责任让人们不受寒暑之苦，遵循养蚕、纺织、裁缝之道。同时，也保航海无难。"因此，历代天皇都对大神予以崇高的敬意，对吴服神社优待尤佳，数次整修重建。

三、结语

自从吴服传入日本后，日本人结合本国的一些实际情况进行了改进，原小袖由内衣变为外装，袖筒变短变长，腰带变窄变宽，花纹图案不断翻新，染织工艺日益精制豪华。另外，女式和服背后的大腰带也是和服的特色之一。但是万变不离其宗，和服的基本要素始终没有脱离吴服的定格，所以虽然吴服与和服存在一定的区别，但直至今日，许多日本人仍然将和服称为吴服。有时干脆把这些服装统称为"着物"，以区别"洋服"。但不管怎样，吴服是中日友好交流的历史见证。

现代的日本社会，和服其实有两大类，正规的叫作"きもの"，写作汉字"着物"，即"穿着用的物品"之意。还有一种简易的和服，叫"ゆかた"，写成汉字"浴衣"，顾名思义就是洗完澡之后穿着的衣服（见图1-4）。正规

图1-4　女用浴衣

的和服里外共有 7 层，分量很重，而浴衣只有单薄的一层，所以两者之间的差别很大。

在日本，天天穿和服的女人恐怕只有酒吧的妈咪了，大多数女性只有在参加婚礼、逢年过节参拜寺院神社、与未来的亲家第一次见面、参加儿女的成人节和毕业典礼才穿和服。而浴衣大多在夏季穿用，因为日本的 8 月份有一个重要的节日，即"盂兰盆节"，相当于中国的清明节。许多在外地工作的人会赶回自己的老家扫墓祭祖，而这个时候各地也纷纷举行焰火晚会。女孩们都会穿上漂亮的浴衣，约上男友或小姐妹，坐在河边、海边，观看盛放的烟火，日本叫作"夏季风物诗"。

而日本女性第一次正式穿着和服（见图 1-5 和图 1-6），是在小时候过"女儿节"之际，先由家人带着去参拜神社，然后一般会去照相馆拍照留念。第二次穿正规和服，应该是她们参加成人节的时候。20 周岁的时候，日本政府会给她们主办"成人仪式"，这时每位女孩子都会穿上漂亮的和服，迎接自己的成人之礼。这时的和服更注重艳丽，充分体现女孩的青春靓丽。

图 1-5 "七五三节"儿童（男，3、5 岁；女，3、7 岁）
参拜神社时穿着的和服

图1−6　"七五三节"备用的吴服、礼钱（神社参拜祭祀费）

　　成人节的和服一生只穿一次，所以基本上是从和服店租来的，一天大概3万日元。日本女孩第三次穿正规和服，应该是在参加大学的毕业典礼，第四次则该是在她们的婚礼上了。

　　一般的日本家庭都会有好几套和服，由于和服质量很好，可以保存很久，所以基本上可以做到代代相传。

　　由于正规和服的夹衣很多，一般的女孩是无法自己一人把整套和服穿戴起来的，这就诞生了一种职业，即替别人穿和服，打工者以经验丰富的老妈妈们为主，每次3000日元左右。

　　一种服饰代表着一个国家和民族的文化。难能可贵的是，日本虽已进入高度发达的文明社会，但还能始终保持传统的服饰文化，并且不断发扬光大，也许这就是日本社会保守的力量。革新固然重要，但是保留守住一些传统的优良文化，从某种意义上来说，也许比革新更为重要。

　　我们在欣赏日本一些优秀的传统文化，或者在强调向日本学习的时候，从某种意义上讲，是为了拾回我们已经丢失的某些宝贵的东西。[1]

---

　　① 徐静波：《日本人的活法》，华文出版社2018年版，第249—251页。

第二节 "足袋"与日本茶道文化

众所周知，日本是世界上最擅长吸收外来文化的国家之一，许多优秀的外国文化经过日本人的模仿和创新后在日本本土上生根发芽，茶道艺术就是其中的一个例子。中国的茶道传到日本后，自然也经过了纯粹的模仿期，但在日本本土文化的影响之下，茶道成了日本的典型文化之一，可以说，日本的任何艺术无不受到了茶道的影响。因而，仅从这个意义上讲，本土化的日本茶道不但与中国茶道有着许多区别，而且还有一些是我国所没有或国人意想不到的特色（见图1-7）。本节将以服饰中的"足袋"为载体，从另一层面对日本的茶道文化做一探讨。

图1-7 茶道一景

一、关于"足袋"

"足袋"，日语的读音为"tabi"或"ashibukuro"，尤以前者为常见。根据日本《和名类聚抄》一书的记载，"足袋"最初是用鹿皮做成，主要在野外使用。汉字原本写为"蹈皮""多鼻"或"单鼻"，后来，考虑其用途改成现在的"足袋"二字。关于"tabi"这一发音的来历，根据日本学者新井白石的考证，"足袋"最初主要用于旅行，而在日语里"旅行"又叫"旅"（tabi），所以"足袋"也就发成了"tabi"。中文往往翻译成"日本式布袜子"①"和式短袜子"等，可见它是地道的日本货。

"足袋"主要用于防寒、装饰以及劳动保护等方面，基本形状如袜子，但是脚尖部分一分为二，即大脚趾与其余四个脚趾分开（见图1-8）。使用的材料有橡胶、皮革、棉布等，根据使用场合不同，可以分为几个种类，如"地下足袋"（日语读作"jikatabi"，底部很厚，穿着它可以不穿鞋子直接下地工作）、"座敷足袋"（日语读为"zashikitabi"，主要在和式房间的榻榻米上使用）等。还可以根据穿着时间不同分为"不断足袋"（日语读作"fudantabi"，一年四季都可以使用）、"余所行足袋"（日语读为"yosoikitabi"，只限于天晴时使用）。

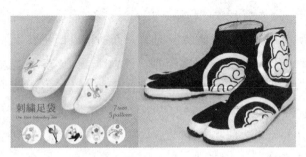

图1-8　各式足袋

二、"足袋"颜色与茶道

在早期的茶会②上，男人们是不穿"足袋"而让脚自然裸着的。关于"足袋"何时在茶会上出现，确切的年代目前还不知道，但根据有关史料③表明，至少在千利休生活的年代里没有留下有关这方面的文字记载，因此有人认为应该是千利休之后的事。

在棉布"足袋"出现之前，茶道上也曾有过皮革"足袋"的影子，但与佛教相通的茶道对动物的皮总有一种格格不入之感，最后不知不觉被淘汰。

----

① 翻译成"日本式布袜子"的词典，有《日汉辞海》（王兴阁主编，沈阳辽宁大学出版社1996年版）、《现代日语大词典》（宋文军主编、姜晚成副主编，中国商务印书馆、日本小学馆1992年版）等。
② 茶道的雏形或它的简易化。
③ 这方面的日本史料主要有久保利世（1571—1642）撰写的《长暗堂记》、山上宗二（1544—1590）的《山上宗二记》、天文二十三年（1554）成书的《天海味》等。

那么，棉布"足袋"又是谁首创的呢？大致有两种说法：其一，根据日本《老人杂话独语》中的记载，是细川三斋的母亲首创，据说，细川每次去参加茶会时，其母亲总是让他穿上自己做的棉布"足袋"来防寒；其二，根据日本桑田忠亲的观点，在《烈公间话》里有如下记载：山崎大战之前，秀吉脱下自己的棉布"足袋"交给去接受人质任务的古田织部（1544—1615）。他认为这应是棉布"足袋"的启用时间。

关于"足袋"与日本茶道文化之间的关系，主要包括两个方面。

（一）"足袋"的颜色

现在的日本茶道，一般是穿用白色的"足袋"，因为白色相对其他颜色特别是红色来说，容易使人产生纯洁之感，仿佛进入无欲之界。在茶室里，虽然光线是如此灰暗，但由于视觉恒常现象的作用，在人们看来，"足袋"的洁白度丝毫未因此而受损。所谓"视觉恒常现象"是指外面的世界即使发生了强烈的变化，但主体对这种变化并没有强烈感觉的一种心理倾向。事实上茶室确实是一个很暗的场所，但由于视觉明亮度的恒常性，反而会觉得这时的白足袋、人的手足、雪等比原来更加白净。

以前，茶道几乎是男性的世界，所以对于"足袋"的颜色也没有现在这样严格和统一，选择自己喜爱的颜色反而是一种个性的表露。比如著名的茶道大家千利休就常着海蓝色"足袋"，而同时代的将军丰臣秀吉则喜欢着用红色的"足袋"。对于此，笔者认为这是他们俩的性格差异造成的。首先，从深层心理学的角度上来看，千利休在海港城市长大，父亲是一名渔商，因而千利休从小就与母亲般的大海结下了很深的感情，在以后离乡的岁月里，对象征大海颜色的"海蓝"常怀有眷恋和思念之情，有人把这种现象称为"恋母情结"或"回归自然"；再者，经过千利休改造的茶室变得更加狭小和昏暗，在这种"薄暮视觉现象"的状态下，最能吸引视觉的不是红色，也不是黄色，而是蓝色或者绿色。而且从视觉心理和色彩心理上来看，蓝、绿两种颜色是一种能够使人镇静、无欲的冷色调，这些正是作为一名茶道大家所追求的境界。而与冷色调的"海蓝"成鲜明对比，红色象征热烈、冲动、自我显示。如果把"海蓝"比作理想主义者或孤高的哲人的话，那么"红色"则为那种追求兴奋和激情的狄俄尼索斯式的人物所钟爱，这不正是对丰臣秀吉性格的生动写照吗？

所以说，茶道中一双不怎么起眼的"足袋"，从其颜色的选择和使用，似乎可以对主客人的性格和爱好起到窥一斑而见全豹之作用。

图1-9 茶室

（二）"足袋"的着用习惯

上文说道，茶会起初是清一色的男人世界。自从女性加入这个行列后，就出现了着用"足袋"这一习惯，不过，这一习惯原先是针对女性而言的。这是因为，茶道与佛教自古以来就有很深的渊源，所谓的"茶禅一味"就是这种渊源的高度概括。所以，茶道也特别注重人心的无欲、杂念的排除，以达到"和、静、清、寂"的最高境界。为了达到这个境界，主人在整个茶室的颜色处理上可谓是费尽心机，哪怕是对一朵具有挑逗性颜色的花也要慎重对待，更何况是女性的裸脚。在心理学中有一种"物恋"现象，是说当一个人对某物或某人身体的一部分产生极度爱恋时会出现狂热的崇拜现象。由此可以想象，在茶室这个"圣洁"之地，决不允许一双极具女色煽动性的脚丫赤裸裸地摆着，所以用能去污的白布包起来是最好也是理所当然的选择。

与女性相比，在"足袋"的着用上男性显得比较自由一些。根据古书记载，男性只在秋冬季节着用"足袋"，春夏不用。换句话说，女性要求常用，而男性用不用则随季节而定。

三、"足袋"更新与茶道

人们在参拜圣界之前必须内外清净（洗手、漱口），伊斯兰教、基督教以及日本神道①都有这种仪式，茶道也不例外。与茶道一脉相承的禅宗有"脚下照顾"之警句，原意是说每人都要认真检查自己的脚是否洁净，后来引申为对自己行为的一种"深刻反省"。即使现在的世俗社会，脚脏也不仅仅停留在脚趾头被污染这一事实上，往往是一种松垮、邋遢的流露，给他人一种不快的感觉。而对秩序和情节几乎苛刻到吹毛求疵程度的茶道，那就更加不允许这种现象的存在。所以可以这么说，茶道参加者的清净，首先从更新"足袋"开始。上面曾经说过，早期茶会曾一度为男性所专有，然而时至今日，女性的队伍大有独霸"乾坤"之势。出现这种现象，细想起来，也是必然的。因为茶道其实一开始就蕴含着许多适合女性的要素，其中之一就是参加茶道之前的"足袋更新"，它给她们带来了一种独特的心理快感。

当脱下半新不旧的脏"足袋"，换上洁白的新"足袋"的一瞬间，那种异样的清净感，犹如全身都经过了精心化妆似的，给人以一种强烈的刺激感。而且，当脚伸进经过米糊浆洗过的"足袋"时产生的适度紧迫感，踩着点点"飞石"②（见图1-10）轻盈迈步时通过木屐传送到脚掌的那种妙不可言的满足感以及与匠心布置的"飞石"合辙的那种韵律感，都是平时穿着尼龙袜或者高跟鞋时所享受不到的一种生理快感。

不仅仅是女性，男人们在经过以上的"足袋"更新和内外清净后，身心也同样会产生一种全新的感受。换句话说，"足袋"更新和漱口等行为，实际上有一种心理上的自我清濯效果。

同时，当人们穿上崭新的"足袋"时，从脚背开始通过脚跟、脚尖以致全脚会产生一种惬意的紧凑感，这种和生理心理相连着的感觉其实是蕴藏在深处的一种轻度"自虐"。说起"自虐"，一般人很容易认为它是种不正常的心理现象，其实，心理正不正常关键在于"度"的把握。就如现在社会上的某些人，他们对自己的身体适时地给予适度的压迫和紧缚，反而会使人感到快意。

---

① 神道是日本固有的民俗信仰。起源于原始的自然崇拜，已有两千余年的历史。其间受到儒教、佛教以及道教等外来思想的影响而自成一宗。大致经过了原始神道、神社神道、国家神道、神社神道和独立神社并存这几个发展阶段。

② 茶庭的路用有间隔的脚踏石连成。这种脚踏石一般用山里不加切凿的自然石，并将比较平的一面露在上面，以方便行走。根据茶庭的布局、风格不同，飞石的摆设有真、行、草三个级别。

图1－10　茶庭中的飞石

　　日本人之所以崇尚茶道，并不能简单地认为这是紧张忧闷着的人们对现实的一种逃避，而是通过像"足袋更新"这样一些简单的装扮，就能够游戏般地轻松地来到了一个通往充满温馨的洞天府第，这个"洞天"虽然狭小昏暗些，但在这里人人平等，很少有世俗的偏见和功利，这更是一种有效的自我刷新途径。

　　以上仅仅是涉及了日本茶道文化这座冰山的一个小角而已，日本茶道与中国茶道一样，其中蕴含的文化博大精深，尤其是对于一个外人来说，要把握其精髓，确实需要渊博的知识和不懈的努力。

第三节　"燕尾服"与日本

　　日本天文十二年（1453）八月二十五日，一艘葡萄牙船漂流到了日本种子岛。万万没有想到的是这次偶然事件，却给日本带来了莫大的文化冲击，成为日本与西洋文明相接的一个里程碑。之后基督教徒的来日布教、荷兰商馆的设立、南蛮贸易的展开、幕末多次遣欧使节的派遣直至佩里来日等，西洋文明通过以上多种渠道不断地进入日本。对这些与以往迥然不同的异域文化，日本人贪婪而又巧妙地进行了吸收。不难想象的是在与西洋人的不断接触中，日本人的日常生活也发生了翻天覆地的变化。本节以日常生活中的代表性礼服——"燕尾服"为例，对日本人吸收西洋文明的过程进行简短的回顾，为理解日本文化的多样性提供一点参考。

自从葡萄牙人来到种子岛以后，他们的服饰也在日本国内时髦了一阵。现代日语中的カルサン（袴的一种，类似于背带裤）、カッパ（雨天穿的风衣）就是那时的产物，它们分别来源于葡萄牙语的"calcao"和"capa"。

日本延享四年（1747），在日本的服饰史上发生了两件重大事件。一是荷兰人向佐贺的锅岛藩主敬献了"羅纱"（ラシャ，一种质地很厚的羊毛布料）；二是当时的荷兰医生穿着一种被称为"戎服"（じゅうふく，类似现在的西装马夹）的服装来到了日本。受以上事件的影响，1857 年，锅岛藩首次允许西学研修生穿着洋服，因而，它也是日本最早采用洋服的藩。但是，普通百姓得以允许穿着洋服那是在日本庆应二年（1866）的 7 月之后。1867 年，第一个穿着西装革履的日本人参加了在法国举行的万国博览会，他就是德川昭武的随员涉泽荣一。这样，日本人和洋服结下了不解之缘。

日本人的服饰由传统的和服向新式洋服全面展开的契机应该说是明治维新（1868 年），其中的先锋和代表应该说是"燕尾服"。

图 1-11　现在的日本燕尾服

说起燕尾服，很多人会马上联想到栖息在南极大陆的企鹅。燕尾服是当今社会男子最正规的西式礼服，一般在下午四点以后穿着，所以也称为晚礼服。穿着燕尾服时，对服饰的整体配备有一个比较严格的要求。一般来说内着白色花边马夹，打白色蝴蝶结，戴白色手套，头顶绢制黑色礼帽，脚蹬黑袜和特制皮鞋。由于上衣背部的下摆分叉，犹如燕子的尾巴，因而得名。

要追溯燕尾服的最早起源，大约在法国大革命之后。其原型是 18 世纪绅士的普通服饰 redingote（骑装式外衣），由于它的前襟在骑马时不方便，就把上衣的前襟裁到腰部为止。到了 1820 年左右，它的下摆变得更细。1830 年左右，其样式更趋曲线化。到了 19 世纪的 50 年代，"燕尾"的长度已经可以包上屁股了。不过，到这个时候为止，它还是便服。后来随着男人白天穿的大礼服（日语称フロック・コート）的出现，加上西服的普遍着用，燕尾服反而成了礼服。

可见，对日本来说，燕尾服是地道的外国货。日语中的"燕尾服"（えんびふく）是英语 swallow‑tailed coat 的意译，汉字独特的写意功能，使得这个译语显得非常地生动和形象。而其中的"燕尾"两个字在日本却早已有之，并非这时始创，用在服饰上原来是指"冠上的一种带子"。《和汉三才图会》中说："缨，音英，俗云燕尾。（中略）——今所用缨，黑纱作之。长，自大臣以上自一尺至一尺三寸。"①

日本在明治五年（1872）十一月二十七日，由太政官发布了文官的礼服制度。该文件对当时政府官员的礼服做了具体规定，并附有礼服式样图。从图片看，所谓的礼服应该是燕尾服，但并没有提到"燕尾服"一词。同时，高见泽茂在 1874 年的《东京开花繁昌志》中也提到，当时一些藩士着用的服饰称为"燕尾被"（エンビヒ、わりはおり）或"骑袴"（むまのり），可见，当时"燕尾服"这个英语译名还没有被统一使用。明治二十二年（1889）二月八日《东京日日新闻》刊登了题为《宪法发布祝典和诸官省准备》一文，大意是：松方内务大臣昨天上午十时在该内务省议事堂召开了全国的府、县知事以及议长会议，对参加宪法祝典的服饰要求做了具体布置。要求全体人员于当日上午十点半之前必须穿好燕尾服、戴上绢高帽和白手套，并佩好勋章，乘坐马车进场。下午一点半在青山有阅兵式，同样必须着燕尾服前去参观。②

----

① 寺岛良安：《和汉三才图会》，东京美术 1970 年版，第 375 页。
② 《新闻集成·明治编年史》第七卷（笔者译），明治编年史颁布会 1965 年版，第 219 页。

据明治二十三年（1890）二月二十八日的《邮便报知新闻》记载，日本召开了帝国议会，当时规定，所有参加议会的国会议员一律着用燕尾服。针对当时这种滑稽的现象，尾崎行雄在明治二十三年一月的《朝野新闻》上发表了《燕尾服》一文，对日本这种不加选择的盲目全盘西化现象进行了责难和讽刺。

另外，从明治二十四年（1891）四月八日《东京日日新闻》上的《穿着燕尾服进行跪拜击掌的滑稽相》① 一文中，我们也可以看到维新时期的日本，对新鲜的西洋文化无条件崇拜的心理取向。事件发生在该年的四月三日，当晚在名古屋的本愿寺举行了规模空前的大庙会，前来参加的有皇族、大臣、各国公使、海陆军军官、府县会议长等各界头面人物，其中的高潮是当天皇来到现场时，一个个穿着燕尾服却又显得很不协调的土气"绅士"，对天皇进行了集体击掌跪拜。据说当时这种可笑的情景不用说跪拜者了，就连天皇自己也忍俊不禁。

图 1-12　明治维新时期身着燕尾服的日本男士

前面已经提到，明治二十三年日本召开了帝国议会，规定参加的议员一律着用燕尾服。这使得燕尾服在日本国内大流行。据明治二十六年（1893）五月七日《国民新闻》上《燕尾服损料腾贵》② 一文的报道，由于着用燕尾

---

① 《新闻集成·明治编年史》第七卷，（笔者译），明治编年史颁布会1965年版，第419页。

② 《新闻集成·明治编年史》第七卷，（笔者译），明治编年史颁布会1965年版，第240页。

服的人激增，当时的礼服租价飞涨。原先一天 2.5 日元的礼服，到发稿前一日为止，普通的已经涨到 3 日元，高级的要 5 日元。

可见，燕尾服这种能充分展示绅士风采的服饰，对当时的日本人来说，它不仅是一种时髦文化，而且也是一种身份的象征。而一百多年后的今天，被当时视为稀罕的时髦货，如今已是上至皇家贵族下至普通百姓，谁都可以随意穿着的礼服，再也不是身份和地位的象征。尤其在当今追求自由和个性化的社会里，这种过于拘谨的服饰对于日本的年轻人来说，似乎说它是一种特殊的社会抑制机制更为合适，通过它不时地对无限膨胀的个性进行调节和指导。

第二章

古代中国人的日本服饰认知

人们普遍重视"第一印象"带来的感觉，这是由于人的第一印象最为鲜明，它在给人以深刻印象的同时，也有可能影响到日后事物的发展走向。第一印象包括目标人物的表情、姿势以及着装等，其中最为引人注目的当属着装。着装，通俗地说就是一个人的穿着打扮，包括衣裳、鞋帽以及各种配饰，或统称服饰。服饰文化是人类重要的物质文明和精神财富的结合。

那么，着装究竟有多重要？从小处说，正如莎士比亚所谓的"一个人的穿着打扮就是他教养、品味、地位的最真实写照"。而且，无论是中文还是日语，都有类似于"人靠衣裳马靠鞍"这样表明着装重要性的谚语，也就是说衣装得体的话，无论是谁都可以打造出一个良好的形象，可以给自己营造一个愉快的心情，甚至一定程度上影响事业的成败。从大处说，从服饰可以看到历史和社会生活，看到文化和艺术，甚至是民族精神和风貌。

本章基于上述中外对于服饰这种共同的文化心理，以历代中国文献所载的日本服饰文化为主要线索，来展开研究古代中国人的日本服饰文化认知之水平。

第一节　正史记载的日本服饰

古代中国是记载日本历史最早、最全的国家之一，自《后汉书》到《清史稿》的二十五史中，几乎每部正史都有不同程度的篇幅来叙述日本。其中自《后汉书》"倭传"到《宋史》"日本国传"的十三条①记载，可以说是反映了中国人特有的日本观形成和变迁时期。在这些记载中，大多提到了日本人的服饰、纺织品情况，虽然有"以貌取人"之嫌疑，但为我们分析当时中国人的日本观提供了基础材料和评价媒介。

在对以上史料进行梳理的过程中，我们可以发现，随着古代中国人对日本服饰文化知识的不断积累，中国人的日本观形成及变迁主要可分为以下几个过程：

第一阶段：大致时间跨度从《后汉书》到《梁书》。国人认为日本主要种植苎麻、蚕桑，通过纺织做成缣布；男性着装一般为横幅，但结束相连，几乎没有缝缀，类似中国僧侣之袈裟，所以也称"袈裟式衣"。对于远古日本人的这一装扮，在《魏书》问世300年的南北朝时期，在萧绎的《职贡图》中可得到佐证（见图2-1）。② 图2-1中描绘了13名到梁来朝贡的外国使人形象，其中倭使双手齐于胸前，头部缠绕布巾，肩上披衣和腰缠的布帛打结于前部。

此种类似袈裟的服饰在古埃及、亚述、波斯、希腊、印度等国也盛行。古希腊和罗马的服饰也同属这一系列。现代生活中，我国台湾的方布衣与此类同，此外在菲律宾、中南半岛、印度、非洲南部、非洲东北部等地方同样也可以看到此类服饰。这种服饰原本就是一种适合温暖地带穿着的原始服装，因此出现在日本的先史时代（非文字记载时代）也并非不可思议。可以看出以上这些事例也证明了《魏书》的记载绝非无稽之谈。③

而"男子皆露纷，以木绵招头"中的"纷"，为"结发"之意，在日本相当于男子的发髻美豆良（角发）。"木绵"即木棉，是用植物纤维制作的布匹，在日本将楮树皮晒干后制成的纤维叫作木棉。

---

① 元代为止编纂的正史中作"日本传"的有《旧唐书》《新唐书》；作"日本国传"的有《宋史》；作"倭传"的有《后汉书》《梁书》《北史》；作"倭人传"的有《魏志》《晋书》；作"倭国传"的有《宋书》《南齐书》《南史》《隋书》《旧唐书》。本书所引用的有关史料均出自中华书局版。

② 石晓军在其著书《中日两国相互认识的变迁》（台湾商务印书馆1992年版，第47页）中指出，萧绎的《职贡图》是参照裴子野的《方国使图》所做的。两者的倭国使像，其依据都是《魏志·倭人传》。

③ ［日］高桥健自：《图说日本服饰史》，李建华译，清华大学出版社2016年版，第240页。

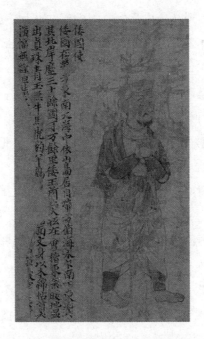

图 2-1 萧绎《职贡图》中的倭国使者

(中国国家博物馆藏)

此外，跣足也是倭使的一个特征。这一着装打扮，与上述史料所记内容显得非常相似。但是，并不是所有的日本人当时都是赤脚行走，其实也有形状固定的鞋类存在。一种是浅的履，即"沓"，埴轮土偶中出现了当时的款式。另一种是以"屐"字流传下来的木制鞋，即足板。"沓"往往和窄袖上衣、包裹双腿的袴即"衣裤"（类似胡服）相配套，而"屐"则和原始日本服装相搭配。

关于女人着装，认为衣服如单被，贯头而过，大都披发赤足，也就是人们常说的"贯头衣"，这一形象也可从日本奈良县坪井遗址出土的铜铎图案中得到进一步佐证（见图 2-2）。铜铎的图案是一个三角形人物，喻义穿着贯头衣。中国早在新石器时代已开始使用"贯头衣"，到汉代更是广为流行。有可能是古代中国的百越民族经由朝鲜半岛将"贯头衣"传至了日本列岛。①

值得注意的是，虽然古书将男女服饰分别做了记载，但并不一定表明这

---

① 周菁葆：《日本正仓院所藏"贯头衣"研究》，载《浙江纺织服装职业技术学院学报》，2010 年第 2 期。

铜铎全体　　　　　　　　铜铎部分放大

图 2 - 2　日本江户时代赞岐国（现在的香川县）出土的袈裟襈文铜铎

个时期的服饰真的就有了性别之分，或许当年更为常见的是男子穿着贯头衣，女子穿着袈裟式衣。

"贯头衣"对日本服饰的影响可谓深远。到了近世，出现了上衣和下裤用同一块布料裁剪而成的服饰，这种上衣又称"肩衣"。据称，"肩衣"起源于上古的贯头衣，中古时期又被称为"无袖"，是一种没有袖子的短衣，主要是底层劳动者穿，所以也是一种百姓衣。这种百姓衣在室町时代末的武家圈子里流行，成为旅行服饰，或被当作简单的戎装使用，后来很快就变成一种礼服。① 据称，后来祭拜神灵时巫女的着装便是这种原始服饰的遗风，大臣官服"小忌衣"也属于此类服饰之流。

袈裟式衣和贯头衣应该是日本原始服装的主流，但它们都只遮住上身，下身除了从腰部覆盖至脚面的腰卷外，没有像裤和裳一样能够全部遮住双腿。而《魏书》中关于韩国马韩西海大岛屿的风俗"其衣有上无下，略如裸"值得参考，也就是说在上古基本都没有裤子类的服饰，裤子只是在北方寒冷地带的民族间穿用。

至于"冠"，在《魏书》中记载说，一般庶民"以木绵招头"，即戴木棉做的帽子。《梁书》则有"富贵者以锦绣杂采为帽，似中国胡公头"的记载。"胡公头"即帽的一种，梁宗懔在《荆楚岁时记》"十二月八日"条做如述

---

① ［日］高桥健自：《图说日本服饰史》，李建华译，清华大学出版社 2016 年版，第 195 页。

记载：

> 村民腊日并系细腰鼓而宴，戴胡头，及作金刚刀以逐疫。①

也就是说，每逢十二月八日村民都会头戴"胡公头"以驱逐厄运。中国学者任半塘认为《荆楚岁时记》中的"胡公头"实为"魌头"或者"大面"，是唐朝驱疫时使用的一种面具。然据《梁书》之记载，"胡公头"就是帽子的一种。可见，"冠"无论是质地，还是外观设计，都有了长足的发展，而且还成为身份的一种象征。

除了冠，上古时期的日本男子还注重发式和顶戴物。那时比较流行的发式是从头部中央将头发分向左右两边，再在两耳的边缘扎起来（见图 2－3），如圣德太子画像中的两位童子、神功皇后女扮男装率军出征的发型都是如此，这种发式在古代史中被称为"美豆良"，也称"角发"。可见，角发是当时男子的象征。

女子大多也束发，其发型类似于后来的"岛田式发髻"，但这只是成人的发式风格，少女则为垂发，在脑后用发圈将头发束起，其余的自然垂下，类似于今天左右两分的小辫子。

而中日史料中关于上古日本顶戴物的记载并不多见。从出土的埴轮土偶可知，当时的顶戴物可以分为冠和帽两种。冠由金属制成，坚硬，并配有装饰。帽则由棉布等制成，看上去显得非常柔软。女子没有冠帽，但必须缠鬘。

此外，这一时期邪马台国在②很短的 27 年中，由景初三年（239）的"斑布"（细苎布）经正始四年（243）的"倭锦"到泰始二年（266）的"异文杂锦"，朝贡的纺织品似乎一次比一次质量优良，这种现象表明倭国确实非常重视对中国的外交，同时也表明古代日本的纺织技术提高很快。

那么，日本的织物到底始于何时？有的学者研究认为应该是在绳纹时期晚期，那时已从中国传入织机和蚕种，养蚕取丝，同时自己栽培苎麻，能够

---

① 梁宗懔：《荆楚岁时记》，宋金龙校注，江西人民出版社1987年版，第132页。
② 邪马台国：2—3世纪日本列岛的一个国名，始见于我国《三国志》之《魏书·东夷传》"倭人条"（日本通称《魏书倭人传》），是中国古代对大和国的音译汉名，与中国有交通往来。其女王"卑弥呼"擅长"鬼道"。该国统治中心存在"九州说"和"畿内说"之争。

图 2 - 3　圣德太子（中）画像

开始生产绢和布等纺织品。根据考古发掘的土器和金属器上附有布的残片判断，当时确实已经存在纺织品。从弥生时代遗址中发掘了一部织机，推测当时已经存在最原始的织物。但是，叶渭渠先生认为，对于日本染织物工艺的考察，似应从飞鸟、奈良时代出发来考察，当时日本已受到中国染织技术的影响，产生了最早的染织工艺，其影响之大一直到室町时代、桃山、江户时代前期，即 14—17 世纪初期。① 由于出土或存世的染织工艺品极少，因此，对日本染织技术的历史研究，还有待更多的实证来做出科学的结论。当前收藏在奈良中宫寺的"天寿国绣帐"② （见图 2 - 4）是日本现存最古老的染织工艺品，代表了当时染色技术和刺绣技术的最高水平，被日本评定为国宝。对于此国宝，日本学者大桥一章有专门的研究，即《天寿国绣帐的研究》（吉川弘文馆 1995 年）可供参考。

"天寿国绣帐"所表现的人物在短衣的下面都穿了类似裳的服饰，而这恰恰

---

① 叶渭渠：《日本工艺美术》，上海文化出版社 2018 年版，第 98 页。

② 日本推古天皇三十年（622），圣德太子薨后，妃橘大女郎为怀念太子，遂奏请天皇，敕由采女作成绣帐二幅。绣帐原长五公尺余，宽一公尺余，上有铭文四百字，分别绣于一百龟甲上，现存断片六个。

图 2 - 4　天寿国绣帐（部分，奈良中宫寺藏）

是埴轮土偶所难得一见的男子裳。有的人将裳穿在了袴的外面，上身着一件短衣，腰间系了腰带，这应该是受到了隋唐时期流行的"衣袴褶"的影响。①

　　第二阶段：从《北史》到《隋书》。和第一阶段相比明显不同的是，日本为了构建一个中央集权国家，加强了皇室的统治，削弱豪族力量。此时期，日本除了在政治体制上一味追随中国以外，文化也明显出现唐化现象。从服饰文化来说，男性服饰从之前比较随意的横幅结束相连、不施缝缀变为穿着袖口微小的裙襦，即分成了裙子和短袄。富人还穿上了鞋子，状如屐形，漆其上，系之于脚。女装也有了很大变化，从原来的"贯头衣"改为"妇人束发于后，亦衣裙襦，裳皆有襈"。可以发现，日本服饰的实用性与美观性都有了很大发展。

　　而头饰品中值得注意的是一种被称为"色冠"的帽子。所谓色冠，简单地说就是用颜色来区别所用者的社会地位或官衔等级。这种制度由当时的"大王"制定，在帽子的用料上不见有创新，基本沿袭"锦彩为之"，最大的

――――――――――

① ［日］高桥健自：《图说日本服饰史》，李建华译，清华大学出版社 2016 年版，第 53 页。

不同是用金银花饰进行了精心的雕饰，即所谓的"以金银镂花为饰"。如此，这色冠就更富装饰性和权威性。

可见，日本在政治层面还未导入律令制之际，无论是服饰制度还是着装文化，都已经表现出一定的制度化。与此同时，着装制度与世人身份高低的联系，也符合儒家的基本思想。但有一点我们始终要注意，那就是东传日本的唐式服饰，它是模仿与创新的统一体，换言之，看似中国服装，但在一些细微之处已经做了变化，以符合日本人的习惯。再者，此时期值得关注的还有用颜色来区分不同等级官衔的官帽，以白布来制作丧服等的色彩禁忌之现象。

第三阶段：自《旧唐书》到《宋史》为止。随着遣唐使的派遣，中国人对日本的了解日益加深。许多文人甚至不仅见过真实的日本人，还有过交往。因此，这时期的记载明显要比以往可信度高一些。就服饰而言，记载主要分为两大类，即普通百姓服饰和高官显贵服饰。女人平时喜用单色的裙子，高至腰襦，结发于后。一般男子头上有椎髻，不戴帽子，不穿鞋，"幅巾蔽后"，以为服装。到了炀帝时期，大王允许民众穿戴"锦线冠"，饰以金玉。服装面料上有纹样，还可装饰银质之花，大小为八寸左右，并以多少区别富贵。因此，女装在配色、款式与配饰上都有了较大进步，并以服饰来区别贵贱。

截至元代忽必烈两次东征之前，日本在中国人看来是一个理想的乌托邦，经常憧憬它为神仙之乡、宝物之国或礼仪之邦。虽然是道听途说的较多，但还是相信日本人大都为彬彬有礼的好学之士。这种观点的形成，隋唐之前主要是靠各种传闻中的日本人"虚像"，隋唐之后则主要来自遣唐使之"实像"。日本朝廷为了能让使者在众多朝贡国中胜出一筹，在选拔使节之际，很有可能将个人之形象、容貌作为当时的一个重要条件。不管怎样，事实最后证明日本上述策略的确收到了很好效果，给中国留下了"礼仪兼得之君子国"印象。如图2-5中遣唐使粟田真人，其来华时的豪华的外表与一般庶民截然不同。在当时留存的画像中，只见他头顶德冠，冠上饰花，身穿紫色长袍，腰缠玉带。粟田真人之所以如此着装，除了表明身份之外还另有其深刻的意图。这种取悦手段正好迎合了中国人的审美观和服饰观。①

---

① 陈小法：《从服饰文化谈谈古代中国人的日本观》，载《文献》，2003年第2期。

图2-5 遣唐使粟田真人

第二节 明代文献中的日本服饰

9世纪末，日本停止了遣唐使的派遣，五代、宋元期间中日之间没有正式国交。因此，隋唐时期形成的优雅的日本人形象，渐趋化为遥远而苍白之记忆。① 当然，起因是12世纪忽必烈的两次东征，中国对日本人的态度开始动摇，到了元末明初，倭寇一再骚扰东南沿海，无恶不作，使得中国人的日本观发生了根本性变化，那些原先美好的记忆恰恰成为反动力量，日本人形象走向了绝对的反面，日本摇身一变，成为凶恶狰狞的无耻之国。随着嘉靖大倭寇的发生，日本的丑陋化发展到了极点，人与人吵架时如用"倭寇"来称谓对方，那可是对人的最大侮辱。

服饰是人类生存的条件之一，人之所以成为社会性、文化性的存在，与服饰有着密切的关系。服饰的物质性和精神性②能够反映主体的人格、性别、

---

① 王勇：《日本文化》，高等教育出版社2001年版，第339页。
② 服饰的物质性一般指它的实用性和科学性，而精神性包括装饰性和象征性。参见李当岐：《服装学概论》，高等教育出版社1996年版。

社会地位、经济实力以及文化修养等内容。因此，明代人在描述和记载他们眼中的日本人时，也总是自然而然地涉及服饰文化，其中不乏服装的款式设计。

一、洪武帝《倭扇行》

明太祖朱元璋（1328—1398）一生都未曾去过日本，但这并不表示洪武帝与日本无缘，相反地他会见日本人，往日本派遣使者，与日本可谓渊源深厚。

朱元璋在《倭扇行》中所写的诗文可以看出他的日本印象：

> 沧溟之中有奇甸，人风俗礼奇尚扇。
> 卷舒非矩亦非规，列阵健儿首投献。
> 国王无道民为贼，扰害生灵神鬼怨。
> 观天坐井亦何知，断发斑衣以为便。
> 浮辞尝云弁服多，捕贼观来王无辨。
> 王无辨，褶袴笼松诚难验。
> 君臣跣足语蛙鸣，肆志跳梁于天宪。
> 今知一挥掌握中，异日倭奴必此变。①

战场上胜利凯旋的士兵将一把日本扇作为战利品献给朱元璋。这是朱元璋一边摆弄着扇子一边想象沧海中奇异的日本国写下的诗文。尽管诗文中"国王无道民为贼，扰害圣灵神鬼怨"表现出对倭寇的憎恶，但也吟唱道"人风俗礼奇尚扇""卷舒非矩亦非规"。"矩"为方指地，"规"为圆指天。在"君臣跣足语蛙鸣"中描写滑稽而又尚未开化的日本人像的同时，也把视线落到了服饰上。"断发斑衣以为便，浮辞尝云弁服多，捕贼观来王无辨。王无辨，褶袴笼松诚难验。"由此看来，可见朱元璋给日本贴上了"鄙俗""傲慢"的标签。

二、文人之眼

不得不说这里提及的文人仅仅是留下传世文学作品的知识分子中的小部分，其中大多数人未曾亲眼见过日本人，有过访日体验的就更是凤毛麟角了。

---

① 朱元璋：《明太祖集》，胡士尊校注，黄山书社1991年版，第438页。

图 2 - 6　朱元璋画像

（一）诸葛元声

诸葛元声，号味水，浙江会稽人，生年不详，明万历九年到四十五年（1581—1617）在云南作为幕僚活跃于政界。他对日本服饰的有关记载，可见其著述《两朝平攘录》，文中提道"男女服染青质白纹。男衣过膝而止，女人衣如单被，穿其中以贯头。皆被发跣足，拔眉黛额。"① 诸葛元声记载的应是日本普通男女之着装。不免唏嘘的是，尽管过了几个世纪，但在诸葛元声看来，日本服饰文化几乎与三国时期没有多大变化。但实际情况并非如此，此时的日本服饰已经发生很大变化。国人的这种研究日本态度，当代作家周作人曾不留情面地嘲笑过。②

明代文人同样染有上述周作人为之不屑的惰性，它在很大程度上制约了研究的质量和水准。

（二）李诩

李诩（1505—1593），字厚德，号戒庵老人。出生于江阴县，生涯事迹不详。晚年著有《戒庵老人漫笔》，为明代历史的研究留下了珍贵的历史资料。

① 诸葛元声：《两朝平攘录》，全国图书馆文献缩微复制中心，1990 年，第 4—5 页。
② 原文为"中国人原有一种自大心，不很适宜于研究外国的文化，少数的人能够把它抑制，略为平心静气的观察，但是到了自尊心受了伤的时候，也就不能再冷静了"（周作人：《周作人文选·杂文》，群众出版社 1999 年版，第 114 页）。

卷六"日本妇饰"中提到，倭国妇人不裹足，头发长且散披在后，到发梢处剪得很齐。服饰有扇子、锦。①

李诩描绘的日本妇女到底是亲眼所见还是图画之类，不得而知。但在明代，日本妇女来中国的现象很少，所以图画的可能性很大。可见倭国妇人的飘逸高贵并不亚于中国人。至于服饰中的扇子、锦将在后面有所讨论。

（三）李言恭、郝杰

在明代研究日本的著作中，最重要的著作之一应该说是李言恭、郝杰合著的《日本考》。在该书中，对日本服饰首次有较大篇幅的记录，见表 2-1。

表 2-1　《日本考》中的服饰记载

风俗男子	妇人
男子断发魁头、黥面文身，以左右大小为尊卑之列。衣伊襦，横幅结束，皆拖缝缀。上古足多跣，首无冠。中古及今皆设其履，名曰"法吉木那"。形如履，漆其上，面系其足。寒置短袄皮，袜名曰"单皮"。一身以纸表成，上平天，下横阔。夹青纸一幅，掩其谷道。以布或绸缝成小袋，囊其玉茎，名曰"法檀那和皮"。上穿其裤，微露夹纸。但遇时节、会亲友、赴宴，穿方袖长大厂衣。袖下以彩线为褾。若官长，腰用段绢四层，缝连一带，阔四寸、长丈余，拴之，名曰"和皮"。其首戴斜方段帽，若黍角形，名曰"蒲西"。以线带拴于地图，因无发，恐冠不正耳。庶人衣服同，无绢，腰用颜色线结成带，阔寸余，长丈二，拴之，亦曰"和皮"，以便带刀出入之故。凡出倘遇亲友，生者于途，则卸其履，令从者执之，跣足而过；无从者，则手携履而行，离其坐处始复穿履。若生者见其来，人遂起立，则行人穿履搓掌而过，是为恭敬也。但至亲友之家，皆卸履于门外，跣足而入也。②	女子富贵者，披发屈紒，贫常以发束髻，以便工用。初生以丹扮身，象龙子，以避水妖。首不用金银为饰，耳无环，梳妆面粉唇脂。富贵以金银造簪，宝物发髪，名曰"革眉素若"。贫者以铜锡骨用造簪，其名同。手间用戒指，名曰"衣皮揩泥"。衣如单被穿其中，贯头而着之。段绢衣名曰"骨耸地"，布曰"吉而木那"。下身亦衣裙襦，名曰"加福"。寻常内不着裈。凡出入，庶人之妇无轿，乘马始穿其裤，以备露形。其足不裹，任其生成，亦无脚带缠之。鞋以皮染彩裁条，结如凉鞋，底用皮包席，名曰"恭蛾"，又曰"十吉利"。③

①　李诩：《戒庵老人漫笔》，中华书局1997年版，第240页。
②　李言恭、郝杰：《日本考》，中华书局2000年版，第75—77页。
③　李言恭、郝杰：《日本考》，中华书局2000年版，第77页。

分析以上所引内容，我们可以发现李言恭、郝杰眼中的日本是一个等级分明、着装怪异、行为繁缛之国，具体而言，有以下几点：

第一，与之前任何一个朝代的记录相比，关于日本服饰《日本考》的记载是最详细的，并且数量繁多的服饰名称都用类似于日语发音的汉字来记录。比如男性用的法吉木那、单皮、法檀那和皮、和皮，女性用革眉素若、衣皮揩泥、骨耸、吉而木、加福等。

第二，从《后汉书·倭传》到《日本考》，无论时代如何改变，即使过了上千年，对日本人服饰的认知并没有实质性的进展。例如《后汉书》中"其男衣皆横幅结束相连。女人被发屈紒，衣如单被，贯头而著之"的记录，被后世之人代代传承，甚至直到明清时期还有文人引用。

第三，日本人着装注重区别场合性、时节性，即比较得体。

第四，日本服饰制度有着装禁忌，这些禁忌因素主要有等级、身份和性别。

三、倭寇形象

倭寇，是明代有关日本研究著作、画像中占据笔记较大的一个话题。倭寇令人发指的残暴行为乃是众所周知之史实。那么，丑陋、凶恶的倭寇究竟是如何一幅装扮？着装与他们的行动之间有无关联？先来看三幅抗倭图。

（一）《倭寇图卷》

1923 年，日本东京大学史料编纂所在古典书籍店购得一副名为"明仇十洲台湾奏凯图"的《倭寇图卷》（见图 2-7）。画卷由倭寇登陆、行劫、瞭望、作战、降服等十六个画面组成，月牙头型、斑布花衣、跣足挎刀的倭寇形象栩栩如生，为我们了解当时的倭寇提供了珍贵的图像资料。

（二）《抗倭图卷》

无独有偶，中国国家博物馆也藏有一幅类似《倭寇图卷》的抗倭图，正式名称为《抗倭图卷》。最近，中日两国学者开展了共同研究，基本肯定《倭寇图卷》和《抗倭图卷》都是 17 世纪左右在中国同一家工艺坊创作出来的。常说孤证不立，《抗倭图卷》的发现和研究，为我们考证倭寇形象再次提供了有力证据。

图 2-8 中描绘了四名被俘的倭寇。有两点值得注意：一是着装。因是俘虏，所以外衣基本被脱光，只剩内裤即通常我们所说的兜裆裤。二是捆绑法。手脚向前或向后并捆，使人动弹不得。

图 2-7　正在行劫的倭寇（选自东京大学史料编纂所藏的《倭寇图卷》）

图 2-8　被明军俘虏的倭寇（选自中国国家博物馆藏《抗倭图卷》）

（三）《太平抗倭图》

　　中国是倭寇肆虐的主要受害国，倭寇的资料相对比较丰富。除上述《抗倭图卷》外，中国国家博物馆还藏有一幅 17 世纪由民间画家周世隆绘的《太平抗倭图》（见图 2-9）。太平即现在浙江温岭县太平镇，图卷主要描绘了关公率兵大战倭寇的情景。画面内容虽然虚构，但展现了军民团结勇杀倭寇的决心和希望。图中的倭寇与上述两图略有不同，除跣足外，四名倭寇穿戴较为整齐。两人强抢妇女，另两人在旁协助。值得注意的是，协助的两人都一手持刀，一手握扇。倭刀，可以说是倭寇的随身物，不足为奇。但扇子，应该并非常用之物，可能是受到当时某些文献记载的影响。倭刀和扇子本来是一文一武的着装配饰，由于倭寇的骚扰，两者结合在了一起，并被作为区别倭寇身份和面目狰狞的象征。

图 2 - 9 周世隆笔下的倭寇
（选自中国国家博物馆藏《太平抗倭图》）

（四）文字记载

以上就三幅有代表性的倭寇图进行了服饰分析。接着就明代文字记载中的倭寇形象做一简单分析，见表 2 - 2。

表 2 - 2 明代文献中的倭寇装扮

文字描述	引用典籍
战士身无甲，冬夏一花布衫，下短裤轻捷如飞。	陈懋恒《明代倭寇考略》，人民出版社 1957 年版，第 157 页。

文字描述	引用典籍
每人有一长刀，谓之佩刀。其刀上又插一小刀，以便杂用。又一刺刀长尺者，谓之解手刀。长尺余者，谓之急拔。亦刺刀之类，此三者乃随身必用者也。	陈懋恒《明代倭寇考略》，人民出版社 1957 年版，第 154 页。
贼首号二大王者躯干魁桀，戴铜兜鍪、衣铜甲、束生牛皮。 一先锋，衣红锁金短袄，舞双刀突前。 有乘骑者，有乘舆者，皆衣红衣，其酋长也。 倭将有衣红衣乘白马者，持双刀冲击。	陈懋恒《明代倭寇考略》，人民出版社 1957 年版，第 157 页。
夷戎装饰顶铁，盔饰红缨，谓火威。挂铁甲或皮甲，甲饰彩丝。甲惟掩胸，不备于背，盖以殿为耻也。	郑舜功《日本一鉴》。1939 年据旧抄本影印，"穷河话海"卷三 4—5 页。
有时倭寇披蓑顶笠，藏匿于田亩。有时又头顶云巾，脚裹芒履，荡游于都市。	陈懋恒《明代倭寇考略》，人民出版社 1957 年版，第 146 页。

从表 2-2 的文字记载。可以发现倭寇着装的一些特点：

第一，倭寇毕竟不是正规军队，大都是一些流浪武士，这就是身无铠甲的主要原因吧。所谓的"花布衫"即现在的浴衣一类衣服，穿着、活动都很方便。

第二，身佩倭刀，这也是倭寇形象的重要一面，再加上髡首鸟语，其形象的确狰狞可恶，难怪国人将他们视作魔鬼。相比之下，倭寇将领的着装就正常很多。

第三，倭寇头目的上述扮相主要是为了表白他们的威严和显目。当然，倭寇形象也是五花八门，他们有时效民众装束或军人装束，以致很难分清敌我，很多人以为他们是逃窜之民。可见，倭寇还利用各种手段伪装自己，十分狡猾。

明代王在晋在《皇明海防纂要》中说："良民畏倭而奸民习倭，上之人惕倭之来，而下之人引倭之至。"① 从中可见明代人日本观多样性的一面。这里的"倭"当指倭寇，而非一般的日本人。良民害怕倭寇，而刁民则伪装成倭寇来。统治者警惕倭寇袭来，而普通人则引导倭寇而至。这到底是怎么一回事？总的来说，这种现象发生在嘉隆时期，这与当时倭寇的成员及其社会矛盾有着一定关系。因不是本书主题，在此不再展开。

第三节　结语

　　服饰和文化是共生的，它的色彩及流行，是受时代影响和制约的。日本服饰既是日本民族思想意识和精神风貌的写照，又是其时代生产力及审美标准的体现。它不仅具有强烈的时代气息，而且也是向社会的一种自我表白。虽然历史上我国对日本服饰文化的认知难免有以讹传讹、道听途说之嫌，但是，就讹传之本身原因即为何要讹传，也是非常值得关注的，从另一个角度来说也是对讹传对象关注的表现吧。因而笔者认为，从服饰所见的不仅仅是其本身所蕴含的物质层次，而应该更加关注它的精神层面，即着装人的审美意识和观察者的审美取向问题。

---

① 王在晋：《皇明海防纂要》"序"。万历四十一年初刊，扬州古旧书店复印边疆图籍之一。

第三章

明代东传日本的中国纺织品

——以日僧策彦周良的《入明记》为中心

我国纺织技术历史悠久，可谓是世界上最早生产纺织品的国家之一。到了明代，中国的纺织业已经开始逐渐形成一定的规模，并且慢慢朝着专业化的方向发展，出现了许多新的纺织品工艺。除了国内纺织品贸易市场的发展之外，明代还发展了对外纺织品出口贸易。其中，向日本、朝鲜等东亚国家进行纺织品出口已经成为当时对外贸易非常重要的一项，而丝绸更是最主要的出口商品之一。据明人李言恭、郝杰等人编著的《日本考》(1592) 记载："倭国所好之中国货物，如丝绸、江线、针、水银等且其价值均以银计算……"而明代学问家徐光启在他编著的《海防迁说》中也谈道："彼中百货取资于我，最多者无若丝。"明代著名的思想家顾炎武也曾经说过"该海之夷，有西洋与东洋……而两夷者，皆好中国丝缎杂缯……惟籍中国之丝到彼，湖州丝百余斤，价值以银计算，可值白银百两……"而明代文人郑若曾在《筹海图编》中详细列出了日本人喜好的中国物品①，其中纺织品占据主要地位（见表 3 - 1）。

表 3 - 1　日本人喜爱的中国纺织品

类别	主要用途或价格
丝	用于织绢绖的原材料。中国的丝绸主要用于里衣。贩卖到日本每 100 斤值银 500—600 两，可获 10 倍的利润。
丝绵	用于冬衣御寒，每 100 斤可卖 200 两白银。
布	因日本缺乏棉花，故多用于日常服装。
绵绸	染上日本的花纹后，作为正式服装的面料使用。

---

① 郑若曾、李致忠点校：《筹海图编》，中华书局 2007 年版，第 198—200 页。

续表

类别	主要用途或价格
锦绣	主要用于演艺人员的服装
红线	用于盔甲、腰带以及刀带、书带、画带。每100斤值银700两。
毡毯	以青者为贵
马背毡	王家用青，官府用红。

可以发现，日本人喜欢的中国纺织品中有刺绣和丝绸，也有不少的服饰和地毯。其中，尤以丝和红线受人欢迎，其价格也很贵。

关于明代中国纺织品出口日本，在明朝史书以及当时中日勘合贸易方面的一些历史文献资料都有记载，如明朝赠送给日本遣明使的礼物和其带回的采购品中，丝绸等纺织品所占的比重是十分大的。史书中曾有记载，永乐三年（1405），明朝皇帝给日本遣明使的回赠礼物清单中包括了经丝五匹、纱五匹、绢纱四十匹。永乐七年（1409）的回赠清单中有锦缎十匹、纱三十匹、纱二十匹、彩绢三百匹……而到明代中后期，明皇帝给日本国王的回礼除了给日本国王选定特殊的丝绸、绢纱之外，还会单独给王后一定数量的回礼，而丝绸等纺织品仍然是明代帝王给日本王国回礼中最重要的内容。此外，日本遣明使团还会利用来到中国的机会，自己在中国进行大量丝绸等商品的采购活动。而关于明代中国出口日本纺织品的民间记载也是比较多的，例如日本的《异国日志》就写到过，明万历三十七年（1609），有中国十几艘商船抵达日本坊津澳，其中三艘货船属于中国民间商人所有，他们的商船上装着中国出口日本的各类货物，而其中就有"绢、纱、丝绸"等纺织品。从中我们不难发现明代向日本等东亚国家输出的大宗产品以丝绸等纺织品为最盛。

此外，当时葡萄牙、荷兰等国家的商人也会选择日本作为进口中国丝绸商品的转口贸易基地。在《日本蚕丝业史》中就写道，在17世纪以后，日本每年要从中国进口的生丝等纺织商品的数量几乎都能达到2000担，最高峰时达到过3000担。可见那时中日之间关于丝绸等商品的转口贸易进行得如火如荼。而值得一提的是，这些仅仅是政府途径的勘合贸易，还不算违规的走私或海盗贸易等。可以说日本对中国的进口贸易中，丝绸等纺织品所占比重不断攀升，尤其是到了明代中后期，从中国进口的生丝以及丝织品就已经占到了当时中国所有大宗商品出口额的一半以上了。

　　明代纺织品流传日本的情况比较复杂，要全面探讨有一定的难度，本章就以两次来中国进行朝贡贸易的策彦周良为主要代表进行个案研究。关于策彦周良的介绍具体可参见汤谷稔的《日明勘合贸易史料》（日本国书刊行会1983 年）。

图 3 - 1　头戴"东坡巾"的策彦周良像
（日本京都妙智院藏）

第一节　驿站下程与纺织品

　　有明一代日本室町幕府曾十多次派遣使团来我国进行朝贡贸易。这种由室町幕府派遣的政府使团在日本历史上被称为"遣明使"。前期规定遣明使人数为 200，船只 2 艘，后期增为 300 人，船只 3 艘。但日本往往违例来贡，人员多时一次就曾达 1200 人。遣明使沿着京杭大运河北上，沿途的所有费用和日常生活品都由各地驿站负责供应，这些物资或钱款统称为"下程"。试举一例如下：

嘉靖十八年（1539）五月二十五日，以正使湖心硕鼎、副使策彦周良为代表的遣明使一同拜见了位于宁波的海道司衙署。① 在赐予的下程中，与衣服类有关的有副使正铺陈1副，共11件：花单1片，青布褥1条，红绡褥1条，席1领，红绡棉被1条，红绡夹被1件，夏单被1条，冬单被1条，红纱帐1顶，红绡帐1顶，凉枕1个，燠枕1个。②

所谓"红绡"，就是红色薄绸。白居易《琵琶行》中就有"五陵年少争缠头，一曲红绡不知数"之诗句。南唐冯延巳《应天长》词之三："枕上夜长只如岁，红绡三尺泪。"即"红绡"自古以来就是我国较为常见的一种丝织品。因其质地轻薄透明，所以深受大家喜爱。

第二节　馈赠物品中的织物

遣明使抵达宁波后，在当地需要履行相关手续，如勘合的验证，货物入库等。同时，等候北上进京的通知。在此期间，日本使节的活动范围主要控制在宁波及其周边，也会与宁波文人开展各种交流。在交流之际的馈赠品中，与服饰有关的礼品也不在少数。表3-2以《初渡集》为例，列表分析中日纺织品的往来情形。

表3-2　《初渡集》中遣明使与中国人之间的纺织品往来

时间	馈赠中的服饰品
嘉靖十八年六月二十四日	萧一官赠送策彦周良云鞋一双，手帕一方。
嘉靖十八年六月二十六日	宁波文人谢国经以扇子和汗巾赠送策彦，赵元惠送给策彦青帕一方。
嘉靖十八年闰七月四日	宁波文人王惟东携嫡侄王汝乔、王汝材赠送策彦彩纹的兽皮、香帕等。
嘉靖十八年八月十三日	宁波文人卢月渔赠送日本客人绫帕。

---

① ［日］策彦周良：《初渡集》，见《大日本佛教全书》73卷，讲谈社1973年版，第183页。

② ［日］策彦周良：《初渡集》，见《大日本佛教全书》73卷，讲谈社1973年版，第183页。

续表

时间	馈赠中的服饰品
嘉靖十八年十二月十日	扬州知府刘宗仁通过周通事馈赠策彦周良手帕二方。
嘉靖十九年正月初一	钟吾驿站的提举司长官赠日本使臣锦缠头等物。
嘉靖十九年二月八日	宁波新知府在山东德州安德驿站赠送日本使臣线香、绛纱等。

以上中日人士馈赠的纺织品大致可分为"手巾类""帽巾类"及其他。手巾主要有质地和用途不同的手帕、汗巾、香帕、绫帕等。帽巾类包括了青帕和锦缠头等。其他还有手套、枕盖、绛纱等。

上述提到的除了中日人士相互赠送纺织品的礼物外,《初渡集》中还记载了日本使臣之间相互赠送的情况,见表3-3。

表3-3 日本使臣互赠中的明代纺织品

时间	纺织品
嘉靖十九年十二月十七日	禅甫藏主、祝首座赠送策彦红线、果子盆等。
嘉靖二十年三月九日	策彦周良与正使湖心硕鼎得到大红线十件。
嘉靖二十年四月五日	策彦得到衬钱并大红线五件、青丝二件等物。

可见,日本使臣互赠的主要是红线。这红线的用途明人郑若曾早就说过,那就是"编之以缀盔甲,以束腰腹。以为刀带、书带、画带之用。"

第三节 自购物品中的纺织品

遣明使在宁波和北京以及大运河沿岸购买物品,这是许多搭乘遣明船而来的日商的主要任务。下面以《初渡集》中出现的纺织品为例,阐述这些物品的性质,见表3-4。

表 3-4　遣明使购买的中国纺织品

时间	相关纺织品或服饰	说明
嘉靖十八年七月二十九日	查得白丝、红线、北绢、折绢、段子、药品等，所要者留之，不要者还之。①	这是策彦周良给宁波文人萧一官的信中提到的遣明使想要购买的纺织品种类。
嘉靖十八年八月九日	策彦在宁波购买白绫小袖 1 件。	白绫小袖，应是白色丝质的短袖上衣。
嘉靖十八年八月二十日	策彦在宁波裁得唐衣裳 2 件、打眠被 1 床。	唐即明朝，"打眠被"是僧侣打眠或坐禅时所用的薄被子。
嘉靖十八年九月五日	策彦在宁波购得道服一袭、头巾 1 个。	道服当为僧服。头巾即"东坡巾"的可能性大。
嘉靖十八年十一月十五日	策彦在苏州购买红线 1 斤。	
嘉靖十八年十一月十六日	策彦等人在苏州城内购买红线 1 斤。	
嘉靖十九年八月二十四日	策彦周良在苏州购得红毡 2 枚。	
嘉靖十九年十二月十四日	策彦在宁波购买坐毡 2 枚。	
嘉靖二十年四月十七日	策彦在宁波用木棉衣裳换购天目台 7 个。	此处木棉衣裳乃是皇帝所赐，盖非僧人专用的袈裟，所以用于交换。
嘉靖二十年四月二十七日	策彦周良在宁波用缎子和服装换取了 60 斤用于冶炼黄铜之用的炉甘石。	
嘉靖二十年五月四日	策彦周良在宁波购买黄铜、金襕。	金襕，佛教僧尼穿着的金色袈裟。

---

① ［日］策彦周良：《初渡集》，见《大日本佛教全书》73 卷，讲谈社 1973 年版，第 190 页。

第四节　赏赐物中的纺织品

嘉靖十九年（1540）四月三日，日本使节在京城得到明廷之赏赐。策彦虽没记载详细清单，但《明会典》中有比较详细的记载。涉及纺织品、服饰的主要有：永乐年间赐予日本国王冠服、纻丝、纱罗等物。宣德十年（1435）回赐国王纻丝 20 表里、纱罗各 8 匹、锦 2 匹。每当正副使并僧人、居座、土官、通事初来之际，赏赐僧衣、靴及正赏纱罗、纻丝、绢布等有差。

而清代俞汝楫也在《礼部志稿》卷三十七"外夷"中，对日本来贡时明廷的赏赐有记载，其中与纺织品、服饰有关的摘录如下：

> 日本国：永乐年间赐予国王冠服、苎丝、纱罗。宣德十年回赐国王纻丝二十表里、纱罗各八匹、锦二段。成化二十年回赐国王纻丝二十表里、纱罗各二十匹、锦四段。回赐王妃苎丝十表里、纱罗各八匹、锦二段。赏与正、副使每人金襕袈裟一领、罗直裰一件、罗褊衫一件、纻丝二匹、纱罗各一匹、绢六匹、靴袜各一双。其他官员、通事、从人有差。

总的来说，明廷赏赐给遣明使的纺织品中，丝绸还是占据绝对地位。其次有袈裟、鞋袜等成套的服饰。赏赐的等级，按国王、王妃、正副使、居座、土官、通事、随从依次不同。

但是，遣明使对明廷的本次赏赐并不满意，主要原因是赏赐不分僧俗，一概予以俗服。而其中有较多是僧人，需要的是僧服。这在嘉靖十九年（1540）四月四日条中有明确记载。①

遣明使团中的"土官"，即朝贡贸易的经营代理人，每艘配备 2 名，大都由富商或僧人担任。土官对明廷的赏赐亦不满意，主要原因还是没有僧人专用之服。鉴于此，日本使节上诉，让明廷不如参照前例而适当地变通。

五月一日，遣明使再次领受赏赐。策彦作为本次的副使，得到了较为丰

---

① ［日］策彦周良：《初渡集》，见《大日本佛教全书》73 卷，讲谈社 1973 年版，第 218 页。

厚的礼物。其中与服饰有关的物品主要有金罗朵云伽黎一顶、碧罗衣一领、蓝罗衣一领、白毡摩一双、麂皮靴一双。居座得到的赏赐其实比副使的策彦还多，待遇相当于正使。主要有乌靴、蓝罗上一端、黑朵云纹纱一端、纻丝二端、北绢六端（内一端白北绢）。而居座以下的官员则与正副使相去较远。①

赏赐中，纺织品占据了重要份额。不仅有成衣，也有布匹。

第五节　结语

以上以遣明使策彦周良为例，就明代纺织品东传日本的情况做了简单研究。从中可以发现，东传日本的纺织品，其种类繁多，几乎包括当时所有的品种。东传的方式和途径主要有四种，即政府颁赐、使节自己购买、友人赠送以及私人贸易等。明廷所赐的物品中的纺织品主要品种包括纻丝、文绮、纱罗、绢布、金织袭衣等。

日本使节登陆宁波后，先在当地完成各种进贡手续，之后就是等待上京通知。上京允许后，沿大运河沿岸上京。抵达北京后，完成谒见皇帝、领取赏赐后，再由原路返回宁波。遣明使往往利用此机会，在沿途置换一些商品，其中的纺织品主要是红线、毡毯等。在馈赠的物品中，也有不少纺织品登场，其中以手巾、帽巾、手套、枕盖等为主。此外，因生丝在中日的差价很大，运至日本可以说是暴利。因此，生丝成为进口的主要对象之一。②

明朝服饰文化对日本的影响除了上述的实物之外，还有技术和制度层面。如果把上述策彦周良带回国的纺织品比作"授人以鱼"的话，那技术和制度的影响就应是"授人以渔"。其中，后者的一个典型例子就是明末遗民朱舜水。朱舜水在日本传播明朝服饰文化主要有两大方面：一是服装裁制技术的传授，二是服饰礼制文化的传授。

从《舜水先生行实》记载可知，朱舜水擅长衣冠裁缝，他曾接受德川光

---

① ［日］策彦周良：《初渡集》，见《大日本佛教全书》73 卷，讲谈社 1973 年版，第 219 页。

② 林仁川：《明末清初私人海上贸易》，华东师范大学出版社 1987 年版，第 215—221 页。

囿的请求绘图教制明室衣冠，而且出色地完成了朝服、角带、野服、道服、明道巾、纱帽、幞头等明式服饰。朱舜水在日本教制明室衣冠有一个很大的特点，就是制作图画，并配以文字说明。这在《朱氏舜水谈绮》中也可看出，该书保存了道服图、野服图、巾式图、大带图、制裳图等。朱氏用这种直观形象的传授方法，化繁为简，向日本人民传授大量衣冠裁缝方面的技术知识。

图3-2　朱舜水画像

朱舜水十分重视服饰礼仪之制，他推崇中华服饰礼仪制度，绝不肯做亵渎礼制之事。当他发现日本人对大明礼服有不正确的认识，于是便详细地向他们介绍以公服为代表的明代"衣冠之制"。例如，对于中华民族传统礼服的深衣，朱舜水是慎之又慎，他认为要复原古代的深衣，必须要有精通深衣制作的"良工"，但在日本人士中要找这样的裁缝几乎没有任何希望，因而他最后将希望寄托在因各种原因前去日本的中国裁缝身上。又如丧服，作为服饰礼仪的一种形式，朱氏也十分重视。他曾郑重其事地向伊藤友次介绍明代丧服，他认为只要有意于服饰礼仪，丧服的材料不用麻布，用"生白木棉"亦可。

此外，朱舜水向日本传播明代服饰的贡献，除了以上服装裁制技术和服饰礼仪文化外，还在于有意引导日本人士穿戴明代服饰。他亲手裁制野服、道服 、披风、头巾等明代服饰，并将它们赠送给日本友人和学生。在朱舜水的影响下，他的日本友人和学生也对中华服饰产生了极大兴趣，为日本人了解明代服饰文化发挥了重要作用。①

---

① 竺小恩：《朱舜水与明朝服饰文化在日本的传播》，载《浙江纺织服装职业技术学院学报》，2015年第4期。

第四章

明代传入中国的日本纺织品

一般而言，东亚文化圈主要涵盖中国、朝鲜半岛、日本、越南等。古代的中国，由于处于文化高势，在东亚文化圈的中心和周边关系中，往往位于主导地位。这一点从迄今为止学界的研究成果和动向亦可得到充分佐证。无论是其中哪一国，这方面的成果俯拾皆是，无须赘言。然文化的交流，总是主流邀支河偕在，狂澜卷潜潮齐发，顺势携逆流同栖，也即文化交流是双向抑或多向，我们暂且用"环流"来概括之，东亚文化交流又何尝不是如此!

就拿服饰文化来说，海外贸易的开拓，导致海外服饰面料不断流入中国。如西洋布、高丽布，早在永乐年间就成了皇帝赏赐文武百官的物品。郑和下西洋之后，大量的印度棉开始流入中国，其中包括孟加拉国的绒布、布罗、科罗曼德的槁泥布、红八者蓝布、沙马打里布、红番布四种名布。红番布即所谓的西洋布，其产地除了印度外，缅甸也曾向中国进贡过这类纺织品。而日本的"倭缎"传入中国后，很快就被福建的漳州、泉州等地的织工学会仿织。由日本、琉球所贡的兜罗绒，杭州织造局的工匠也能模仿生产。朝鲜所产的高丽布，中国也已基本掌握其纺织之法。西洋布虽属印度、缅甸贡品，也已经在民间与一些官员家里早就流传。①

中日文化交流是东亚文化环流中的一个最重要内容，是中国文化走出去的一个成功典范和参考。本章以纺织品为例，探讨明代传入中国的日本纺织品情况。

---

① 陈宝良：《明代社会生活史》，中国社会科学出版社 2004 年版，第 200 页。

第一节　明代以前日本朝贡的纺织品

中国是记载和研究日本最早的国家，留有大量丰富的史料文献。日本最早进贡的纺织品种类主要有斑布、倭锦、绛青缣、锦衣、帛布、异文杂锦等。

学界对"斑布"的研究很多，意见分歧较大，比如中国学者王勇在《日本文化——模仿与创新的轨迹》一书中认为，"斑布"大概是苎麻织成的彩色布帛。而《梁书·林邑国》认为，当地人用吉贝纤维做白布，染成五色后，织成斑布。此外，还有"斑布就是一种有斑纹的布匹"、"一种染成多种颜色的木棉"、"一种蜡染布匹"、"使用吉贝木纤维为主而织成的布帛"、"有颜色和花纹的苎麻布"等说法。

而"倭锦"，一般认为就是用蚕丝织出的绢布，其纹样十分类似日本东大寺正仓院所藏的"赤地山菱文锦"。

而"绛青缣"很有可能是一种紫色的并丝缯。"帛布"，应该就是一般的丝织品，然"异文杂锦"大概是一种具有复杂纹饰之丝织品。[1]

此外还有一种非常奇怪的贡品，那就是"生口"。生口究竟何指，学者也是各执一词，但大多数人认为这是一种身怀特技之人。[2] 这种贡品经常与纺织品偕来。因此，也有观点认为他们就是一批善于纺织的工匠。但问题是这一推测很难得到日本方面史料记载的证明。

日本史书《日本书纪》"应神天皇三十七年（306）"中记载，日本曾向中国求取纺织工匠，结果兄媛、弟媛、吴织、穴织四位纺织女工东渡扶桑传授纺织技艺。因此，上述日本向中国输出的"生口"可能为纺织工人之一说，就更值得怀疑了。

《宋史》卷491、列传第250"外国7"中有记载说，日本东大寺密宗僧人奝然派遣弟子入宋谢恩，并携带贡品。贡品中包括了5匹白细布、1笼鹿皮、1领狨裘等纺织品。[3] 这里的"白细布"值得注意，之前朝贡品中提到的

---

[1] 王勇：《日本文化——模仿与创新的轨迹》，高等教育出版社 2001 年版，第 104 页。

[2] ［日］王金林：《古代の日本—邪马台国を中心として》，六兴出版 1986 年版，第 175—176 页。

[3] 《宋史》卷四百九十一，中华书局 1977 年版，第 14136 页。

都是有花纹或者有色的"斑布"、"异文杂锦"等，而奝然上贡的是又细又白的布匹，这也正好说明到了宋代的时候，日本纺织技术取得了长足进步。至于"鹿皮"、"犯裘"等应都是兽皮毛之类。

图 4 - 1　日僧奝然坐像

熙宁五年（1072）日僧成寻巡礼天台国清寺，之后他希望继续留在该寺学习。宋廷同意并宣召其赴京谒见。成寻为了表示谢意，献上许多从日本带来的礼物，其中包括纺织品的"青色织物、绫"。

图 4 - 2　日僧成寻画像

第二节　明代流入中国的日本纺织品

明代中日两国之间的交往主要可以分为以下几大块：一是政府使节往来，包括勘合贸易；二是倭寇入侵和明朝军民的抗倭斗争；三是万历年间丰臣秀吉入侵朝鲜和明朝的援朝抗日。因纺织品为人们日常生活必需品，所以我们可以看到，无论是和平友好的年代，还是战火纷飞的岁月，明代中日之间的纺织品交流都没有停止过。

一、日本贡品中的纺织品

《明实录》是最详细记载中日两国交往概况的史料，其中记载日本朝贡的纺织品有洪武七年（1374）、十三年（1380）的布①和景泰四年（1453）的"绢布"等。②

可以想象，在明代日本上贡的纺织品绝对不止上述几例。但有一点我们可以基本推定，那就是在有明一代，从日本流向中国的纺织品应不在少数。

对于日本向明朝进贡的物品，中国政府是有明显规定和限制的。限制的主要是一些日本工艺品。应该说，这种限制是有一定道理的，日本工艺品对中国人来说，很大程度上是一种奢侈品，不是必需品。大量的日本工艺品流入将导致明朝铜钱的大量流失，导致国民的消费奢侈化。所以禁止也是情有可原的。但是，对于日本纺织品并没有明确禁令。

二、因私贸易中的日本纺织品

茅瑞征在《皇明象胥录》中记载说，日本商品中有"细绢"和"花布"这类纺织品进入中国，很早研究日本的书籍《日本考》中认为它们"细绢薄缀可爱，花布萨摩州出"③。即细绢在明朝非常受人喜爱，而花布主要产自萨

① 郑若曾：《筹海图编》，李致忠点校，中华书局 2007 年版，第 170、854 页。
② ［日］日本史料集成编纂会：《中国・朝鲜の史籍における日本史料集成》"明実録之部 1"，国书刊行会 1975 年，第 218—219 页。
③ 李言恭、郝杰：《日本考》，中华书局 2000 年版，第 51 页。

摩州（现在的鹿儿岛县一带）。可见，细绢、花布可能已是中国市场常见之物。

再如，日本民众室内的布席据说采用杭州长安的产品，湖州的丝绵、漳州的纱绢、松江的棉布，都是日本十分珍视之物。这在明代姚士麟的《见识编》中都有确切记载。

到了明末清初，由于中日两国的贸易被放开，商品的往来更加自由。中国商人也有从日本进口纺织品，但数量有限，进口货物从以前的工艺品为主转向各种金属、军需品、海鲜和其他土产。①

三、日本纺织工艺

那么，日本纺织品的工艺究竟如何？为何在明朝纺织品如此发达的情形之下，它还能占据一席之地？

（一）日本织锦

明朝陈仁锡在其《潜确居类书》卷九三"服御部六"中提到几种日本织锦。

第一是"明霞锦"，最早出自唐代苏鹗的《杜阳杂编》。根据记载，此贡品来自女蛮国，与日本原本没有关系。但由于"女蛮国"与"女王国"相似，明代的陈仁锡竟将其误作日本所产。"明霞锦"以一种充分芬芳的香麻为主要原料纺织而成，色泽艳丽，穿着后满身香气馥郁，具有一种神秘色彩。

与"明霞锦"有着类似名称的还有美国学者谢弗在名著《唐代的外来文明》中提到的"朝霞锦"。它从印度尼西亚和印度支那地区传入唐代，朝贡者是阿玛宗人。这种有如此美妙名称的神奇纺织品据称就是在朝霞的基础上，经由各种变幻想象而加工形成之产物。②

第二是龙油绫、鱼油锦。顾名思义，这两种纺织品与龙油、鱼油有关，主要特点是见水不湿，加之文采尤异。

第三是"麒麟锦"，出自元末明初青田人包瑜所撰的《韵府续编》。据该书记载，早在汉武大帝时，倭国曾敬献"麒麟锦"10端。这种纺织品色彩炫目，十分显眼。可见，麒麟锦是一种极为高档的纺织品。文献虽是如此记载，

---

① 林仁川：《明末清初私人海上贸易》，华东师范大学出版社 1987 年版，第 245—250 页。
② 谢弗：《唐代的外来文明》，吴玉贵译，中国社会科学出版社 1995 年版，第 429 页。

但在汉代日人就掌握如此精湛的纺织技术，令人怀疑，很有可能只是类似苎麻织成的彩布而已。然因来自东瀛，它的异域情调引起了文人的极大关注，也许是这种纺织品的产地给文人带来的惊喜大大超过了纺织品本身的质量。尽管如此，自古以来日本的织锦在中国还是相当闻名。因此，李诩提到的"扇子、锦"也不排除上述的这种可能性，即猎奇性胜过了纺织品具体的质量。当然，"扇子锦"到底是两种物品还是犹如"扇子"的锦，一直有分歧。

（二）倭缎工艺

望文生义，"倭缎"从字面上应解释为日本的缎子。那么，明代"倭缎"的真实情况又是如何？宋应星在《天工开物》卷二"倭缎"条中有较为详细的记载。①

可以发现，当时所谓的"倭缎"，其实绝大多数只是制法起源于日本，实际产地在福建漳州、泉州一带。倭缎的原材料也与日本毫无关系，采自川蜀地区。因此，"倭缎"完完全全是国产货。但由于这种倭缎"易朽污、集灰、移日损坏"等原因，中外人士都渐渐弃而不用了。

关于"倭缎"的加工方法，明朝方以智在《物理小识》中记载说："倭缎，则斯绵夹藏经面，织过刮成黑光者也。白下做倭缎先纬铁丝而后刮之。"这里提到的铁丝可能是一种金线，丝线配以金线，织成的布料质地厚实，加之各种图案的配置，使得这种缎子看起来高端大方。

关于"倭缎"，在《红楼梦》《儿女英雄传》等清代小说中都有提到②，而《大清会典》中也记载说，江宁织造局每年纺织的倭缎达到 600 匹左右，最近苏州一带也到处可见这种织品。因此，"倭缎"在市场中已经并非稀罕之物。关于此，北京师范大学的张哲俊博士有专门的研究，可供有意者参考。③

在常人看来，所谓倭缎就是产自日本的一种缎子。其实这样的理解有些偏颇。宋应星说"倭缎"的制法起源于东夷，并没有明言是日本。

---

① 记载如下："凡倭缎制起东夷，漳、泉海滨效法为之。丝质来自川蜀，商人万里贩来，以易胡椒归里。其织法亦自夷国传来。盖质先先染，而斯线夹藏经面，织过数寸即刮成黑光。北房互市者见而悦之。但其帛最易朽污，冠弁之上顷刻集灰，衣领之间移日损坏。今华夷皆贱之，将来为弃物，织法可不传云。"（宋应星：《天工开物》，潘吉星译注，上海古籍出版社 2008 年版，第 106 页。）
② 《红楼梦》第三回中写贾宝玉的衣着打扮时有"外罩石青起花八团倭缎排穗褂"一语（荣宪宾、孙艾琳校注《红楼梦》，金盾出版社 2006 年版，第 30 页）。
③ 张哲俊：《〈红楼梦〉与清代小说中的倭缎》，载《红楼梦学刊》，2003 年第 4 期。

中国学者赵承泽也早已提出这点，他认为"倭"这一字并不具备特定的地理概念，实是讹字。①

同样，中国学者赵翰生针对《重纂福州通志》卷五九中提出的"天鹅绒本出倭国，今漳州以绒织之，置铁线其中，织机割出，机制云蒸，殆夺天工"这一记载提出赞同意见，他在论文《明代起绒织物的生产及外传日本的情况》中认为"倭缎"中的"倭"与日本没有直接关系，它是福建漳州、泉州一带的方言而已。

潘吉星在《天工开物译注》一书中，也对"倭缎"制法到底是否起源于日本提出质疑。而阙碧芬在《明代起绒织物探讨》一文中，也主张"倭缎"是明代从国外引进技术而织成的绸缎而已，主张"非倭国说"。②

"天鹅绒"这个单词在明代传至日本，日语"ビロード（biroudo）"一词实源自"倭缎"一语。③ 看似很给力的观点，但还是缺少更有力的证据，笔者认为这可能是对《天工开物》记载之误读而导致。

因此，倭缎的制法的确来自海外，虽与日本关系最大，但并非确指日本。倭缎具体指带有金属线的天鹅绒，或称"漳绒"。但也有人认为"倭缎"就是在缎纹地上起绒，或在绒上起经纹花的织物，与之后的"漳缎"又有所区别。

（三）倭王锦袍

标题中的"倭王"，指的是万历年间入侵朝鲜的日军首领丰臣秀吉。关于丰臣秀吉锦袍传入我国，这在明朝王志坚写的《观冯生所藏倭王锦袍歌》中可见传入痕迹，全文收录在日本江户时代伊藤松编纂的《邻交征书》中。④

王志坚（1576—1633），字弱生，号淑士，出生于昆山。诗文《观冯生所藏倭王

图 4 - 3　日本袍子

---

① 赵承泽：《中国科学技术史》，科学出版社 2002 年版，第 352—363 页。
② 阙碧芬：《明代起绒织物探讨》，载《东华大学学报》（社会科学版），2006 年第 3 期。
③ 赵翰生：《明代起绒织物的生产及其外传日本的情况》，载《自然科学史研究》，2002年第 2 期。
④ 伊藤松：《鄰交徵書》，上海辞书出版社 2007 年版，第 102—103 页。

锦袍歌》歌吟的是万历年间一位姓冯的儒生，在中、朝联军和日军交战之际，完全不顾个人安危，单刀赴会进入日军营中，和敌人进行和谈的故事。倭王的锦袍就是在此时得到的。

那么，日本锦袍的持有者冯生是何方人士？万历二十年（1592）四月，日本入侵朝鲜，史称"壬辰倭乱"。战争开始不久，朝鲜王京就被攻陷。明军于同年10月16日决定抗日援朝。明将李如松在取得"平壤大捷"后，因轻敌贪功，结果在碧蹄馆吃了败战。明军战败碧蹄馆消息一传出，震惊国内，万历皇帝因此采取一系列措施，并以赏银万两征选能者，以挽回朝鲜战役。正所谓重赏之下必有勇夫，浙江嘉兴人沈惟敬毛遂自荐，并受当时兵部尚书石星之妾的父亲袁茂之力荐，出任神机三营游击将军。沈惟敬率领少数家丁渡过鸭绿江前往日本军营，正式展开了与日军的和谈。

对于本次和谈，朝鲜官员柳成龙在《惩毖录》以及朝鲜文献《日月录》中都有详细的记载。①

《日月录》中提到的玄苏，即临济宗中峰派僧人景辙玄苏（1537—1611），在朝鲜侵略中负责与明朝和谈。引文中主要记载了沈惟敬训斥玄苏为虎作伥的行为。

虽然景辙玄苏进行各种狡辩，想给自己开脱罪行。但是，沈惟敬的说辞严正磊落，使得日军哑口无言。最后，日军将领小西行长也只得唯唯诺诺，并赠送宝刀和银袍作为纪念。

这位神奇的沈惟敬究竟是何方神人？关于此人，沈德符在《万历野获编》中有比较详细的记录。②

据沈德符所言，沈惟敬当过兵，练过丹，结交了一批方士和混混。直至"甲寅倭事"即嘉靖大倭患后上京谋事。参加和谈的随从中有从日本逃回的温州人沈嘉旺，此人对日本有较深了解。"壬辰倭乱"时，沈惟敬已近七十，据此大约可以推定沈惟敬出生时间大约为隆庆末万历初。

---

① 郑梁生：《中日关系史论集》（十），台湾文史哲出版社2000年版，第51页。
② 记载如下："沈惟敬，浙之平湖人。本名'家支属'。少年曾从军。及见甲寅倭事，后贫落，入京师。好烧炼，与方士及无赖辈游。石司马妾父袁姓者亦嗜炉火，因与沈善。会有温州人沈嘉旺从倭逃归，自鬻于沈。或云漳州人实降日本，入寇被擒，脱狱，沈得之为更姓名，然莫能明也。（中略）惟敬时年已望七，长髯伟干，顾盼烨然。然司马大喜，立题授'神机三营游击将军'。沈嘉旺也拜指挥，与其类十余人充麾下，入日本。"（沈德符：《万历野获编》卷十七，中华书局1997年版，第440页。）

图 4 - 4　小西行长画像

　　柳成龙认为当时沈惟敬只携家丁三四人赴日营会谈，而沈德符却指出有十余随从一起入敌营。综合以上几种文献记载，可以发现《观冯生所藏倭王锦袍歌》中有关对沈惟敬赴日营进行和谈的情景，与其他几种记载非常相似。

　　和谈虽一时成功，但最终真相被识破，丰臣秀吉恼羞成怒，中、朝、日重新开战。鉴于此，参与和谈策划的石司马以违旨媚倭下狱，沈惟敬也被捕至京城，闹剧终于拉上帷幕。沈惟敬的妻子陈淡如也受连坐被沦为功臣之奴，幸好两人没有子嗣，否则下场更是凄惨。沈惟敬处斩后，沈嘉旺不知所终。一代枭雄，就此没落。

　　那么，冯生珍藏的"倭王锦袍"与小西行长赠送的"银袍"到底有什么关系？抑或同一件锦袍？如果是同一赠品，那又是赠给谁的？

　　综合中外史料可以发现，"倭王锦袍"与"银袍"为同一物的可能性很大。那么，冯生又从何处得来？笔者认为，这一冯生极有可能也是沈惟敬的家丁之一，且当时曾一起深入虎穴进行和谈。银袍本是小西行长送给沈惟敬之物，但随着沈氏家破人亡，家产也四散而尽，幸好银袍被冯生所藏。

　　最后，值得我们关注的是这件来之不易的倭王锦袍其质量又是如何？"腥风凛凛寒发毛。天吴紫凤恍惚是，水底鲛人亲自缫"，这是王志坚看了倭王锦袍的最初感受。可见，锦袍所蕴含的战争气氛还没散尽，不禁令人寒毛发颤。锦袍的刺绣实在美丽，犹如天吴紫凤一样，绝非等闲之物。加之它的主人非同寻常，因此，在观赏者看来，这件充满异国情调、经历战火巡礼的银袍实在是珍贵和新奇，不禁赋长诗一首，以示纪念和叹服。

图 4 - 5 "倭王"丰臣秀吉

第三节 结语

文物是人类宝贵的历史文化遗产。东亚诸国的国宝抑或重要文物名录中，中国众多文物榜上有名，反之亦然。而艺术所具有的魅力，足以改造人们的心灵。虽然东亚文物艺术大多可在中国找出源头，但别国留存而我国散佚、绝迹的不在少数。因此，研究这些文物艺术的历史与传承，是开启东亚文化环流大门的钥匙之一。中日关系史的研究也不例外。

从明代开始，随着与日本等国文化交流的加强，明代的对外贸易得到了迅速的发展，这也客观上起到了拉动我国东南沿海地区社会经济发展的作用。从当时发展非常红火的对日纺织品出口贸易来说，生丝、丝绸等纺织品是明代以后我国江南地区对外出口数量最大、获利最丰厚的商品之一，每年出口日本的布匹数量都上万匹，价值也超过了万两白银。此外，当时葡萄牙、荷兰等国经过日本来发展对中国的纺织品转口贸易，每年的成交额也是非常惊人，总价值也都超过了万两白银。如此大规模的纺织品出口贸易的发展，为当时我国江南沿海地区的手工业发展提供了极为广阔的市场，同时客观上也带动了与当时出口丝绸、生丝等纺织品方面相关商品行业的发展，使国内的棉纺织业、丝织业等在如此巨大的海外市场的需求下，在短时间内得到了快速发展的机会。

本章选取了日本流向明朝的纺织品为研究对象，旨在通过一些具象来洞察明代的中日服饰交流的特点。

有明一代，日本的许多纺织品悄悄进入中国，纵观其流入的途径和手段，除了政府间正规的贸易渠道之外，私人贸易也不容忽视。此外，还有一种特殊的媒介即战争，也是文化流动的一种特殊通道，虽然这种通道需要付出极为惨重的代价，但是其速度和效果往往是其他方式不可比拟。流入明朝的日本纺织品，总的来说其质量不一定超越中国，但其独特的异国情调和特殊织法，却获得了明朝人的特别青睐。尤其是倭缎这种具有特殊加工工艺的日本式丝绸传入我国后，其技术在我国多得到广泛应用，福建、杭州等地争相效仿，在某种程度上也促进了我国服饰设计的发展。

明代中日两国纺织品交流的发展不仅使得两国经济贸易交流更加频繁，同时它也加强了两国文化的交流，通过相互借鉴、互相交流共同来推动东亚纺织业的发展，以此来提升东亚地区的整体文化实力和文明程度。此外，通过纺织品交流而带动起来的进出口贸易发展，在促进两国国内社会经济发展的同时，也对纺织业市场的扩大化产生了极为深远的影响，它在一定程度上推动了市场一体化形成，使得东南沿海地区各个城市之间因为纺织业的规模化发展而加深了彼此之间的交往联系，使得生丝、砂糖、染料等行业之间的联系更加紧密。这为之后形成统一的国内纺织业市场打下了一个很好的基础。

纵观古代中日两国文化交流的发展历程，可以说古代中国一直占据着文化输出的优势地位，由此中华文化对日本产生了极为深远的影响。但是，伴随着日本大和民族的逐渐强盛及其文化的不断发展和成熟，可以看到从文化低势一方产生的文化回流现象也是比较明显的。以明代中日的纺织品交流为例，明代中国通过对外贸易向日本出口了大量的丝绸等纺织品，而同时日本的纺织品工艺也在明代传到了中国。可以说双方在纺织品交流方面形成了一个比较完整的文化交流的循环发展模式。

第五章

服装配饰"倭扇"与明代文人趣味

扇子,对日本人来说比起"清风徐来",更重要的是揣在怀里可移动的美术品。因此,日本也有"扇子之国"之称,世上也许没有一个民族有如此深厚的扇子情结。和服搭扇子、舞蹈用扇子、艺伎配扇子,甚至军队指挥用扇子,因此,扇子成为日本服饰中最重要的配饰之一。

图 5-1 日本舞蹈中的扇子

日本扇子在古代亦称"倭扇",在宋时就已经传入中国,到了明代更是声名远播,成为明代文人特别钟爱的异国物品之一。本章就以"倭扇"为例,探讨日本人的服装配饰究竟怎样流入我国,明人对其评价如何,又如何在我

图 5-2　扇面与日本美术

图 5-3　日本艺伎与折扇

国传播。

据《太祖实录》卷三八的记载，明朝建立后的翌年即洪武二年（1369）乙卯，即遣使以即位诏谕日本、占城、爪哇、西洋诸国，结果未见日本来贺。洪武三年（1370）三月明廷又遣莱州府同知赵秩，持诏谕"日本国王"怀良。在赵秩的努力下，怀良派出了以僧祖来为使节的代表团随明使来访，两国正式开始交往。但后来洪武帝得知，这位一直被认为是"日本国王"的怀良（？—1383）其实只是一位驻守征西府的风烛残年的南朝亲王而已。因此，明廷决定和实际掌控日本政局的室町幕府建立国交。而当时日本的幕府将军也恰好有这个意愿，经过多年磨合，日本于建文三年（日本应永八年，1401年）五月，室町幕府第三代将军足利义满任命筑紫（福冈）商人肥富为正使、祖阿为副使，一行于当年秋天抵达中国，奉表献方物。这是日本室町幕府第一次正式来贡。从此长达一个半世纪之多的中日官方贸易拉开了序幕。

第一节　室町幕府的第一份贡品

明代中日之间的官方贸易基本上可以分为三种形态。第一种是"进贡贸易"，即日本国王（将军）以及使节向明代皇帝的朝贡品，主要以良马、倭刀、硫黄、玛瑙、金屏风、扇子和枪为主，而换回的巨额赏赐则以白金、丝绸和铜钱等为主。第二种是"因公贸易"，即与明朝政府进行公开贸易的附搭商品。他们包括幕府的货物、遣明船经营者的货物以及搭乘遣明船的商人之物。在这些货物中，最多的要算是苏木、铜、硫黄和刀剑之类了，而换回的却是明朝的铜钱、绢和布匹等。第三种为"因私贸易"。明朝政府规定，因私贸易在官府的监督之下，可以在宁波的牙行、北京的会同馆以及从北京回到宁波的沿途等地进行交易。

那么，建文三年（1401）日本来贡时，足利义满第一次呈献给大明皇帝的贡品是什么呢？礼单目录如下：

> 献方物、金千两、马十匹、薄样千帖、扇百本、屏风三双、铠一领、筒丸一领、剑十腰、刀一柄、砚筥一合、同文台一个。①

礼单中虽然用的是日语量词，但意思还是可以理解的。其中的"薄样"是一种质地薄得类似雁皮的和纸。"筒丸"是日本平安时代开始使用的一种步兵铠甲，轻便灵活是它的最大特点。"砚筥"即砚盒，而"文台"即文几。

实际上，这次的贡品中除以上这些"物"外，还有更重要的一个礼物，那就是"搜寻海岛漂寄者几许人还之"，其中可能也有被倭寇掳走之人。

翌年，日本又遣僧圭密、梵云、明空以及通事徐本元来贡。为了便于参

---

① ［日］田中健夫：《善邻国宝记·新订统善邻国宝记》，集英社 1995 年版，第 108 页。

考比较，摘录当时的贡品清单如下：

伏献方物、生马二十四、硫黄一万斤、玛瑙大小三十二块计二百斤、金屏风三副、枪一千柄、太刀一百把、铠一领、砚一面并匣、扇一百把，为此谨具表。①

比较上述两份清单，不难发现贡品主要是两大类，一类是自然物产，如马、硫黄等，另一类是工艺美术品，如和纸、倭扇、刀剑等。尤其值得注意的是倭扇成为当时日本贡品中的重要物产。

既然是贸易，当然既有来也有往。从当时日本商人带回的物品看，最受欢迎的中国货是生丝、丝绸、丝绵、布、药材、砂糖、陶瓷器、书籍、书画、红线以及各种铜器、漆器等等。② 据木宫泰彦的研究，认为日本从明朝输入的以铜钱为第一，其次为书籍。③ 当然，这是日本政府的所需品，而一般商人又喜欢什么样的中国货呢？对此，上述提及的郑若曾在《筹海图编》卷二中也有比较详细的记载，认为"倭好"有：

丝、丝绵、布、绵绸、锦绣、红线、水银、针、铁链、铁锅、瓷器、古文钱、古名画、古名字、古书、药材、毡毯、马背毡、粉、小食笼、漆器、醋。④

可见，到了明代，家用百货、字画、药材等是日本商人的主要采购品。

但是，在以上所说的遣明使中，有一个不可忽视的情况，那就是除第一次外，其余十多次的正副使几乎都是清一色的五山高僧，不仅如此，凡当时有志于探赏中国山川风物之美、借以润色诗文的人，全都以居座、土官或者做他们的从僧而入明。由于以上这些人都喜欢舞弄诗文、钻研儒学，所以带回去的诗文集、儒书、史书等典籍当不在少数。

---

① ［日］汤谷稔：《日明勘合贸易史料》，国书刊行会1983年版，第38—39页。
② ［日］田中健夫：《对外関係と文化交流》，思文阁出版社1982年版，第101页。
③ ［日］木宫泰彦：《日中文化交流史》，胡锡年译，商务印书馆1980年版，第580页。
④ 郑若曾：《筹海图编》，李致忠点校，中华书局2007年版，第198—201页。

第二节 倭扇

明代中日两国之间的人物往来之频繁，是以往朝代所无法比拟的。尤其是通过官方和走私贸易涌入中国的日本物品极其丰富多彩，如倭扇、刀剑、屏风、莳绘、文具、铜器、织物等一些工艺美术品，成为明代文人书斋的重要摆设，甚至非常流行。

下面就以倭扇（折扇）为代表，简略阐述其工艺特点及对明人的影响。

关于最早的折扇是国货还是舶来品，学界曾有过争论。其实，此一论争早就存在，也许是因为许多的历史文献中的记载不甚统一而致。下面举两条史料为例。

明朝沈德符对倭扇有过以下详细的阐述：

> 今聚骨扇，一名折叠扇，一名聚头扇，京师人谓之撒扇。闻自永乐间，外国入贡始有之。今日本国所用乌木柄泥金面者颇精丽，亦本朝始通中华，此其贡物中之一也。然东坡又云："高丽白松扇，展之广尺余，合之止两指许。"即今朝鲜所贡，不及日本远甚，且价较倭扇亦十之一。盖自宋已入中国，然宋人画仕女止有团扇，而无折扇。团扇制极雅，宜闺阁用之。予少时见金陵曲中，诸妓每出，尚以二团扇，令侍儿拥于前，今不复有矣。宫中所用，又有以纸绢叠成折扇，张之如满月，下有短柄，居扇之半，有机敛之，用牡笋管定，阔仅寸许，长尺余。宫娃及内臣，以囊盛而佩之。意东坡所见者此耳。今吴中折扇，凡紫檀、象牙、乌木者，俱目为俗制，惟以棕竹、毛竹为之者称怀袖雅物，其面重金亦不足贵，惟骨为时所尚。往时名手有马勋、马福、刘永晖之属，其值数铢。近年则有沈少楼、柳玉台，价遂至一金，而蒋苏台同时，尤称绝技，一柄至直三四金，冶儿争购，如大骨董，然亦扇妖也。[①]

沈德符（1578—1642），浙江嘉兴人，万历四十六年（1618）举人。他把

---

① 沈德符：《万历野获编》，中华书局 1997 年版，第 663 页。

从祖、父听来的朝章故事，加之自己的其他见闻，随录成篇，撰成了《万历野获编》二十卷、续编十二卷，具有很高的史料价值和可信度。

在上述引用的史料中，沈德符明确提到，折扇即倭扇 "自宋已入中国"，历史比朝鲜悠久。其 "少时见金陵曲中，诸妓每出，尚以二团扇，令侍儿拥于前，今不复有矣"。可见即使万历初期，尽管倭扇早就是日本的主要贡品之一，流入量也不应在少数，加之国内还有仿制品，可仍没有渗透到一般庶民的生活当中。而到了 17 世纪初期，折扇已经替代了团扇而相当普及了。

图 5 - 4　梅树扇花纹的服饰

当然，这时的折扇中国货占据相当大的比重。据沈德符的记载，各地制作的聚骨扇中，尤以四川的称佳，"其精雅则宜士人，其华灿则宜艳女。至于正龙、侧龙、百龙、百鹿、百鸟之属，尤宫掖所尚，溢出人间，尤贵重可宝"①。四川布政司起初上贡的量为 "一万一千五百四十柄，至嘉靖三十年，加造备用二千一百，盖赏赐所需。四十三年又加造小式细巧八百，则以供新

---

① 沈德符：《万历野获编》，中华书局 1997 年版，第 662 页。

幸诸贵嫔用者，至今循以为例"①。可见，嘉靖时期（1522—1566）折扇的主要用途是赏赐和供新幸诸贵嫔之用，难怪庶民很少见到。

清人刘廷玑在《在园杂志》中也曾提道：

> 若今人所用多金白纸扇矣。其扇本名折叠，亦谓之撒扇，取收则折叠，展则撒舒之义。明永乐中，朝鲜国入贡，成祖喜其捲舒之便，命工如式为之。自内传出，随遍天下。②

刘廷玑认为折扇源于朝鲜入贡，时间在永乐（1403—1424）。因深受成祖喜爱，所以命工人如法仿制而遍及天下。这种说法明显有误，本文的开篇之处，就提到日本室町幕府第一次上贡大明的礼品中就有扇百本，时间在建文三年（1401）。实际上，"日本始创折扇并于北宋已经传入中国"已是现今定论。③

倭扇既然是明代时期日本朝贡或市舶的主要物品之一，加之国内仿制品的流播，自然引起了明代文人的极大兴趣。先学虽已有诸多相关论述④，但笔者将利用一些不同或未出的史料，对此问题做一补充和深化。

日本五山禅僧瑞溪周凤的《卧云日件录拔尤》"长禄二年闰正月八日"条中有如下记载：

> 等持寺首座欣笑云来曰，某渡唐时，惟贵四扇去，一扇以代翰墨全书一部云云。⑤

这条史料中有两点值得注意。一是这位等持寺首座欣笑云竟然只带四把扇子而千里迢迢来明进行贸易；二是一柄扇子竟换回一部热门的《翰墨全书》，可见日本扇子在中国昂贵的程度。

明代余永麟对日本的扇子有过如下评述：

---

① 沈德符：《万历野获编》，中华书局 1997 年版，第 662 页。
② 刘廷玑：《在园杂志》，中华书局 2007 年版，第 182 页。
③ 王勇：《日本折扇的起源及在中国的传播》，载《日本学刊》，1995 年第 1 期。
④ 郑若曾：《筹海图编》，李致忠点校，中华书局 2007 年版。
⑤ ［日］瑞溪周凤：《卧雲日件録拔尤》，岩波书店 1992 年版，第 107 页。

　　倭夷入贡泥金扇最佳，先以金箔作底，上施彩色。高皇帝曾赐近臣。桂太傅彦良慈人也。其子孙藏有一柄，太傅题曰："海内车马今混一，万里梯航进方物。奇哉此扇日本来，恩赐千官敢轻忽。南薰殿高清昼长，水晶帘卷蔷薇香。绿窗蝶影弄春日，碧天雁翅横秋霜。扶桑日华移上苑，锁网珊瑚弱水浅。香山写人画图中，金鳌腾空怒涛卷。黑云忽散丹霞飞，江芦萧萧月半规。无穷变化不可测，俯仰神仙知是谁。稜稜墨竹十二茎，不方不圆齐短长。随时卷舒足称意，一寸机关那可量。齐纨团团堪障日，岂为好新轻得失。朝端鹄立汗如珠，焉得从容袖中出。"①

　　余永麟，明朝宁波鄞县人，嘉靖进士，官苏州府通判。著有《北窗琐语》等。与遣明使湖心硕鼎、策彦周良等曾有来往。他认为日本贡品中最好的就是泥金扇子。所谓"泥金"，就是用金粉或金属粉制成的金色涂料，用来装饰笺纸或调和在油漆中涂饰器物。因此，"泥金扇"即上涂金粉的倭扇。从余永麟的经历及描述来看，他应该见过倭扇实物。

　　倭扇究竟为何如此受明人青睐？一是因为倭扇（折扇）比起我国传统的团扇无论是携带还是使用上都要便利，二是因为其精美的制作工艺，三是因为其浓郁的异国风情。

　　提到异国风情，其中一个重要内容就是扇面上的"倭画"。那么，扇子上究竟画了些什么？五山文学研究者上村观光先生为我们提供了饶有兴趣的线索，据他在《五山文学全集·别卷》中说，一次偶然的机会，他在一本古抄本上读到关于当时出口明朝的扇子上画题的记录：

　　　　日本使船之额打进贡船也。官贡物者，马、太刀、扇子也。扇子五百把，其中，五把画定也，一富士、二牧狩、三九州岛箱崎之松原、四志贺唐崎之一本松。一把箱崎之松原，画之云云。②

① 余永麟：《北牕琐语》，见《丘隅意见（及其他四种）》，中华书局 1985 年版，第 55—57 页。
② ［日］上村观光：《五山文学全集·别卷》，思文阁 1973 年版，第 1198—1199 页。

可见，以富士山为代表，日本的一些名胜正是倭扇绘画的主题。正是这些具有异国情调的倭画深深吸引了中国人，以致不惜高价争相抢购吧。

图5-5　现代的富士樱花扇

上述提及的明朝文人李诩在其《戒庵老人漫笔》中有一题为《日本妇饰》的短文，全文再次引用如下：

> 倭国妇人不裹足，发长，散披在后，至梢皆剪截极齐。服饰有扇子、锦。①

李诩看到的应该不会是真正的日本妇女，而是美人画，而且很有可能是扇面画。值得注意的是"服饰有扇子、锦"一句，很多研究者把"扇子"与"锦"合在一起念成"扇子锦"，结果反复考证，最后还是一头雾水。其实，李诩的意思很明确，他也认为扇子是日本服饰中不可或缺的饰物之一，甚至就是服饰的一种。

扇面倭画中还有一种特殊题材，那就是春画。关于我国春画的起源及其演变，沈德符也有过简单描述。沈德符认为我国春画起源于汉朝的刘去（？—前71）。经潘妃的阁壁、隋炀帝的乌铜屏、唐高宗的镜殿、武后的宣淫直至元朝的欢喜佛，明朝的欢喜佛既有玉质的，也有织绣的，还有象牙的，但无论怎么形象生动，总不及图画来得奇淫变幻。而工此画技者，明朝有唐

---

① 李诩：《戒庵老人漫笔》，中华书局1997年版，第240页。

寅和仇英。但据说日本的更胜一筹，其中扇面春画尤其可嘉。

前面沈德符提到，入贡明朝的日本乌木柄泥金扇特别精丽。但是，明人郎瑛认为倭扇的这种"泥金"工艺也起源于我国。他说：

> （日本）古有饯金而无泥金，有贴金而无描金、洒金，有铁铣而无木铣，有硬屏风而无软屏风，有剔红而无缥霞、彩漆，皆起自本朝。因东夷或贡或传而有也。描金、洒金，浙之宁波多倭国通使，因与情熟，言餂而得之。洒金尚不能如彼之圆，故假倭扇亦宁波人造也。泥金、彩漆、缥霞，宣德间遣人至彼，传其法。软屏，弘治间入贡来，使送浙镇守，杭人遂能。乌嘴木铣，嘉靖间日本犯浙，倭奴被擒，得其器，遂使传造焉。①

郎瑛认为日本的许多工艺及器具都是从我国传入，泥金技术就是其中之一。不仅如此，"大抵日本所须，皆产自中国，如室必布席，杭之长安织也；妇女须脂粉，扇漆诸工须金银箔，悉武林造也。他如饶之瓷磁、湖之丝绵、漳之纱绢、松之棉布，尤为彼国所重"②。可见，连倭扇上的金箔也产自武林即当时的杭州一带。

郎瑛在史料中还提到，宁波也有产倭扇之处，其实从明人王绂的《倭扇谣》中也可知当时的杭州也有仿制倭扇的作坊。此外还有四川、南京、苏州、徽州等地也竞相仿制。手执一柄倭扇以至成为当时文人雅士的流行现象，因此对倭扇的需求量也自然变大。

以明朝江南地区为主仿制的倭扇有其本身的特点，比如大幅度增加了扇骨的数量，扇柄端部多见圆头，多洒金和泥金扇面、上绘云龙纹等。③

不仅如此，明人中还有精妙于倭画者。郎瑛在《七修类稿》中就介绍了一位名叫"杨埙"的人：

> 天顺间，有杨埙者，精明漆理，各色俱可合，而于倭漆尤妙，其漂

---

① 郎瑛：《七修类稿》卷四十五"事物、倭国物"。
② 姚士麟：《见只编》卷上。
③ 夏寒：《试论江南明墓出土折扇》，载《中原文物》，2008年第2期。

霞山水人物，神气飞动，真描写之不如，愈久愈鲜也，世号杨倭漆。所制器皿亦珍贵，近时绝少，人惟知其绝艺，不知有士人之不如者。（后略）①

这位世号杨倭漆的人，倭画技巧绝不亚于日本人，且愈久愈鲜。

第三节　结语

在明朝李东阳纂、申时行重修的《大明会典》（明万历刊本）卷之一百五、礼部六十三中记载着琉球国的贡物，其中有"擢子扇"和"泥金扇"。
而曾奉命出使琉球的陈侃、高澄两位使臣，在《使琉球录》中写道：

> 按：琉球贡物，唯马及硫黄、螺壳、海巴、牛皮、磨刀石乃其土产。至于苏木、胡椒等物，皆经岁易自暹罗、日本者。所谓棹子扇，即倭扇也。盖任土作贡，宜其惟正之供，而远取诸物，亦其献琛之敬。则夫符玺之赐、章服之颁，得非显忠嘉善之典欤！②

《大明会典》中提到的"擢子扇"就是此处的"棹子扇"即倭扇，而当时它是琉球给大明的贡物，可见其精美的程度。
再，万历三十四年（1606）出使琉球的夏子阳（1552—1610），在其《使琉球录》中也有关于倭扇的记载：

> 少顷，告别。王持泥金倭扇二柄以赠，余等各以手扇答焉。王脉脉有不忍分袂之意，其法司官并紫巾官各垂泪不能仰视，旁观者亦为之叹息。③

---

① 郎瑛：《七修类稿》卷四十七"事物、构损"。
② 陈侃：《〈使琉球录〉译注本》，袁家冬译注，中国文史出版社2016年版，第64页。
③ 夏子阳：《使琉球录》卷上"礼仪"。

即新登基的琉球国中山王以倭扇赠送大明使臣。在同书卷下的"夷语·器用门"中还对倭扇的琉球语做了记录，即发作"枉其"。可见，琉球王国上贡大明的"擢子扇"和"泥金扇"，其实就是倭扇。

倭扇，还有一个特殊的用途，那就是被倭寇用于作战指挥的传令器具之一。这在明代的相关文献中多有记录。① 而在我国，扇子作为武术功能使用，据说在明末清初。②

在《大明会典》中还记载着当时安南国的贡物中也有"纸扇"一项。可见，这种始于日本而成于中日文化交流的国际性产物——折扇，不仅对东亚的朝鲜和琉球等国产生了积极影响，也惠及东南亚的安南（越南）等地区。也从一个侧面说明当时的日本文化已经融入东南亚文化的环流之中。

---

① 陈懋恒：《明代倭寇考略》，人民出版社 1957 年版，第 144 页。
② 章舜娇：《武术扇的渊源》，载《体育文化导刊》，2008 年第 7 期。

第六章

浮世绘与中国服饰文化

对于日本浮世绘的界定，目前主要有两种。第一种指日本江户时代以当时的风俗为题材并自成一派的绘画作品，由菱川师宣于 17 世纪后期集大成。其题材内容主要包括青楼、歌舞伎、相扑等市民喜闻乐见的风俗、风景以及艺人头像。分为"肉笔画"（亲笔画）（见图 6 - 1）和"版画"两大类，主要代表画家有铃木春信、喜多川歌麻吕、东洲斋写乐、安藤广重和葛饰北斋等。它曾给法国印象派画坛较大印象，荷兰后印象派画家梵·高也受其影响

图 6 - 1　美人回眸图（菱川师宣肉笔画）

不小，曾在两幅《唐基老爹像》的背景中都使用了日本浮世绘（见图6-2）。而且，梵·高还留存多幅模仿浮世绘的作品，从中可见东西洋绘画风格的完美结合（见图6-3）。第二种专指"春画"。由于浮世绘作品中含有大量此类题材的作品，所以又成了春画的代名词。而本章以浮世绘民俗绘画人物形象涉及的"服饰元素"为研究重点，范围包括除穿着的服装外，还涵盖了头饰、首饰、脸谱、包饰等与主体服装构成有机整体的一切饰品的元素，研究其艺术形式对后世服装文化的影响。

图6-2　背景有浮世绘的《唐基老爹像》两幅（梵·高作品）

图6-3　梵·高模仿歌川广重的梅花图（左：歌川广重，右：梵·高）

第一节　浮世绘的国内外研究现状

对于浮世绘的研究，中日都是热门，日本把它作为一种曾对西方产生过影响的代表性文化而大肆渲染，研究著作可以说汗牛充栋，不胜枚举。而在我国，研究成果也不少，专著就有多部，如潘力的《浮世绘》（河北教育出版社 2012 年）、六六的《浮世绘》（中国妇女出版社 2009 年）、北京大陆桥文化传媒编译的《认知日本系列——浮世绘》（青岛出版社 2011 年）、高云龙《浮世绘艺术与明清版画的渊源研究》（人民出版社 2011 年）以及李佩玲主编的《和风浮世绘——日本设计的文化性格》（吉林科学技术出版社 2004 年）等，研究论文就更多了，总数达几百篇以上。

如果对上述中日两国的已有研究成果做个简单的统计归类，可以发现主要就以下领域对浮世绘展开了研究：

第一，题材内容。上面已经提及，浮世绘的题材主要来自与市民生活密切相关的领域，但也有来自中国的选题，如浮世绘三国、浮世绘水浒以及浮世绘西游记等。

第二，用色特点。浮世绘的着色主要偏重于红、黄、蓝三种，当然随着主题的演变和刻板技术的发达，色彩也越来越丰富，可与中国的年画相比拟。

第三，线条用法。浮世绘的线条简洁明了，勾勒法是其最主要的手段，但难以表现明暗，这是它的缺点所在。这种勾线法对服装的平面设计应该影响最大。

第四，春宫艳画。这是浮世绘重要的特色，也是市民俗文化的典型代表，对欧美的油画产生较大影响。

第五，与中国文化的关系。最主要的研究成果是指出了浮世绘与明清版画之间的渊源关系，当然还有前面提到的以中国文化为主题来入画的作品。

因此，可以发现迄今为止在对浮世绘的研究中，很少涉及它与服饰文化之间存在的关系。实际上，浮世绘作品的创作尤其是美人画、歌舞伎这一类主题中，受中国服饰文化影响痕迹明显。如日本东京国立博物馆在 2015 年 7月 14 日至 9 月 6 日专门举办了"浮世绘与衣装"的展览，吸引了国内外大量观众。同时，17 世纪后期菱川师宜集大成后，浮世绘又反过来影响了我国的服饰设计和流行趋势，而这一点正是目前有关浮世绘研究的薄弱环节所在。

而在日本国内，一般都偏重于对浮世绘本身的研究，如题材、设色、画风以及印制技术等，当然还有一大领域就是对油画的影响，而较少关注与浮世绘相关联的中国文化。

总而言之，在我国的浮世绘研究中，大多研究还停留在介绍和说明阶段，有的基于大中华思想，对浮世绘的价值并没有多少肯定，当然也有的研究将浮世绘与中国版画、年画来进行比较，并取得了很好的成果。

对一个国家的研究，文化领域也许是最重要的，很多的表面冲突实质上来自深层次的文化不同，从这种意义上分析，从事对最具江户文化特色的浮世绘研究，不仅具有现实意义，也将会对其他领域的日本学研究带来启迪，因此，具有良好的发展前景和趋势。

第二节　浮世绘中的中国人物、服饰、景物

前面已经提及，浮世绘通常指日本的风俗画或版画，是日本江户年间（1603—1867）兴起的一种民族艺术，主要表现人们的日常生活、风景名胜和各种演剧（如歌舞伎）。在亚洲和世界艺术中，它呈现出特异的色调与风姿，历经三百余年，影响深及欧亚各地。然而，颇具日本特色的浮世绘其实包含着不少的中国元素，主要是中国人物和风景。

一、中国人物

作为浮世绘题材的中国人物很多，主要包括三国志人物、水浒传英雄以及一些具有特殊才能的虚假人物。

（一）《通俗三国志英雄之一人》

三国志是日本人最喜爱的中国小说题材之一，现在有关三国志的漫画、游戏风靡日本乃至全世界，以至欧美人误将《三国志》为日本原作。歌川国芳也不例外，对自己喜欢的三国志人物进行了一一创作，在当时引起轰动，即使现在，仍然是人们喜爱的作品。世界很多著名的美术馆都藏有此主题的作品。浮世绘画家歌川国芳（1798—1861）出生于日本东京，从小开始学画，12岁时绘的中国题材的《钟馗提剑图》受到歌川丰国的青睐，15岁正式入其

门下。画风还受到胜川春亭以及葛饰北斋等人的影响而自成一派。代表作为
《相马的古内里》等。

图6-4和图6-5为此系列中的两幅作品：

图6-4 歌川国芳《通俗三国志英雄之一人》（左为吕布，右为关羽）

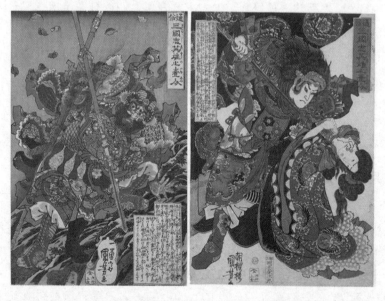

图6-5 歌川国芳《通俗三国志英雄之一人》（左为张郃，右为马超）

（二）《水浒传豪杰百八人之一个》

《水浒传》又是一部深受日本人喜欢的中国小说，自江户时代传入后，引起了水浒热。1773 年，建部绫足创作了《本朝水浒传》，成为日本传奇小说的先驱。戏剧家曲亭马琴不仅根据中国的水浒英雄人物创作了《新编水浒画传》，还写了日本式的水浒传即他的代表作《椿说弓张月》《南总里见八犬传》。描写江户时期侠客国定忠治的武侠小说也是受了《水浒传》的影响。而描写侠客笹川繁藏、饭冈助五郎的英勇故事的小说也借用了水浒传之名，命名为《天保水浒传》。而改编的水浒传也不少，如高岛俊男的《水浒传与日本人》、吉川英治的遗作《新水浒传》、北方谦三的《水浒传》等等。

此外，梁山好汉也经常被浮世绘画家如葛饰北斋、歌川国芳、月冈芳年等作为读本的插图来使用。歌川国芳所绘的《水浒传豪杰百八人之一个》（见图 6 - 6）涉及水浒人物众多，气势磅礴，画面华丽，实为中日文化结合的好例子。而月冈芳年在《和汉百物语》《月百姿》（见图 6 - 8）中也有水浒人物出现。

图 6 - 6　歌川国芳《水浒传豪杰百八人之一个》（左为吴用，右为武松）

图6-7 歌川国芳《水浒传豪杰百八人之一个》（左为李逵，右为鲁智深）

图6-8 月冈芳年《和汉百物语》（公孙胜）和《月百姿》（史家村月夜）

（三）钟馗

在江户时代，钟馗已经深受日本人的喜爱。关东一带一般将钟馗做成木偶形状供摆设，而近畿地区则主要用来放在屋顶驱魔之用。歌川国芳、葛饰北斋（1760—1849）、怀月堂安度（生卒年不详）、鸟居清胤（生卒年不详）、奥村政信（1686—1764）、河锅晓斋（1831—1889）、月冈芳年（1839—1892）等人都创作过钟馗捉鬼的浮世绘（见图6-9至图6-12）。

图6-9 钟馗散邪鬼即功（歌川国芳）

图6-10 钟馗梦中捉鬼之图（月冈芳年）

图 6 - 11　钟馗提剑图（葛饰北斋）

图 6 - 12　钟馗图（河锅晓斋）

（四）精怪

　　浮世绘画家月冈芳年出生于日本东京，擅长浮世绘各种主题的画作，弟子满天下，是最成功的浮世绘画家之一。代表作有《英名二十八众句》《大日本名将鉴》《月百姿》《新形三十六怪撰》等。他的作品除上述的钟馗等中国人物外，还有精怪为主题的画作，主要有孙悟空、雷震等。

孙悟空：《西游记》传入日本后深受日本人喜爱，无论小说、漫画、电影都有西游记的作品问世。孙悟空更是深入人心，成为机智、英雄的象征。月冈芳年在《月百姿》中就有一幅描绘孙悟空和玉兔的浮世绘，名为《玉兔》（见图6-13），给我们展现了一个异样的美猴王形象。

雷震：当年商纣王与姜子牙作战之际，由于得到棋盘山千里眼高明和顺风耳高觉两妖精的帮助，战事推进顺利。姜子牙战将杨戬在玉鼎真人的授计下，令军中舞动红旗，擂鼓鸣锣，以迷惑千里眼和顺风耳。最终姜子牙不仅战胜了纣王，还连根拔出了上述两妖孽。月冈芳年在《和汉百物语》中描绘的就是杨戬擂鼓鸣锣的景象（见图6-14）。

图6-13　玉兔（月冈芳年《月百姿》）　　　图6-14　雷震（月冈芳年）

妲己：冀州侯苏护之女，河内温（今河南省温县苏王村）人，有苏氏部落之女，世称"苏妲己"，帝辛的妃子。苏妲己乃是难得一见的美女，纣王沉迷于苏妲己的美色，荒理朝政，对她言听计从，最后搞得君臣离心离德，民怨沸腾，外邦不朝，使得商朝灭亡，最后被周武王所杀。人间都称妲己乃九尾狐之化身。图6-15为葛饰北斋画的《殷之妲己》。

图 6 – 15　殷之妲己（葛饰北斋）

　　提到妲己，必须要涉及一位印度人物，就是华阳夫人。她虽然不是中国人，但与中国具有很深的渊源。华阳夫人原本是印度摩揭陀国班足太子的妃子，据称是九尾狐化身，因此导致了印度大乱。被赶出印度后，又潜伏至中国，商朝末年化身为妲己，继续祸害朝政。最后随遣唐使一起到了日本，到了 12 世纪左右再次化身人形，名叫玉藻前，迷惑了日本鸟羽上皇，乱了朝纲。所以九尾狐在中日都非常有名。月冈芳年在《和汉百物语》中创作了华阳夫人的形象（见图 6 – 16）。

　　（五）其他人物

　　浮世绘中涉及的中国人物，除上述这些以外，还有杨贵妃（见图 6 – 17）、

图 6 – 16　华阳夫人
（月冈芳年《和汉百物语》）

达摩等人物。杨贵妃在日本流传的故事很多，有杨贵妃家乡、坟墓、糕点、

樱树等，此外她还是热田神社的大明神，所以登上浮世绘也不足为怪。而月
冈芳年的《破窗月》描绘的是达摩月夜静坐之景象（见图6－18）。达摩虽然
出生天竺，但与中国关系密切，在某种程度上是一位完全中国化的天竺人。

图6－17　杨贵妃（细田荣之）

图6－18　破窗月（月冈芳年《月百姿》）

二、中国景物

浮世绘中出现中国景物大致有两类，一是受中国潇湘八景影响的近江八景，二是在日本也具有非常高知名度的名胜古迹，如赤壁、西湖等。

《赤壁月》是月冈芳年收录在《月百姿》中的中国题材的作品，描绘的是苏东坡月夜赤壁怀古之场景。朦胧月色中，陡峭厚重的赤壁格外显得高峻（见图 6 - 19）。

图 6 - 19　赤壁月（月冈芳年《月百姿》）

葛饰北斋的《锦带桥》描绘的是雨中锦带桥的英姿，山、河、桥、树、鸟组成了一幅非常灵动的画面（见图 6 - 20）。众所周知，锦带桥是模仿杭州西湖的彩虹桥而建，这两座桥被称为"姐妹桥"。

而歌川广重（1797—1858）所绘的近江八景之一的"势多夕照"是模仿我国潇湘八景中的"渔村夕照"而来，表达的意境也非常相似（见图 6 - 21）。

图 6 – 20　锦带桥（葛饰北斋）

图 6 – 21　势多夕照（葛饰北斋）

三、中国服饰

众所周知，日本文化自古就受中国的极大影响，服饰也不例外。日本从隋唐时期就全面引入中国的服饰制度，无论是款式、颜色还是缝制技术，都与中国有非常多的相似之处。到了平安时期，遣唐使被废止之后，迎来了第一个"国风文化"，即将引进的中国文化咀嚼、消化为具有本国特色的文化。之后的镰仓、室町时代，与中国的交流又非常频繁，中国的禅宗文化、水墨画传入日本，遂形成了日本吸收中国文化的又一高潮。但是到了江户时代，由于日本实现闭关锁国政策，对外交流渠道受到极大限制。但与之相反的是，之前吸收的中国文化反而得到了充分的吸收。这也就是被称为第二个"国风文化"的时期。浮世绘就出现在江户时期，所以它的人物画、风景画自然受中国文化影响很大。细看浮世绘中各色人物的着装就可以发现，中国题材的画作自然是中国风格的服饰为主，再加上作者的理解，融入了日本文化，所以可以说是和汉式样的服饰。而纯粹的日本题材画，其服饰的风格也受到唐服、明代服饰的影响。

综合分析浮世绘中各种人物的服饰，从中完全可以为我国的时装设计找到灵感，找到应用的元素。尤其是时装画，可以从浮世绘中的夸张表现、色彩处理得到启迪。

第三节　世界时装界青睐浮世绘

世界的时装界早就把目光投向了日本浮世绘的艺术特色，在各种设计中引入了浮世绘元素，将传统艺术与现实文化完美地结合在了一起。

2011 年阿玛尼秋冬时装中，以"从浮世绘走出的现代版艺伎"为主题，发表了一组时装。其裙子花纹就采用了浮世绘图案，显出了浪漫和异国情调（见图 6 - 22）。

2015 年的早春临近之时，米索尼（MISSONI）早早就放出了最新的春夏广告片，美国模特阿曼达·墨菲（Amanda Murphy）在荷兰艺术家维维安·萨森（Viviane Sassen）的镜头下，展现了一回超现实的浮世绘时装秀（见图 6 - 23）。据说这是为了向

图 6 - 22　2011 年阿玛尼女装中的
浮世绘元素

法国艺术家保罗·贾克勒（Paul Jacoulet）创
作的日本版画艺术致敬。在关于日本传统文
化中，最被欧美主流艺术设计圈喜爱并持续
发扬光大的是浮世绘，从绘画中寻找灵感，
则是设计师营造时装艺术氛围惯用的巧思。
在 2001 年巴黎秋冬高级女装汇展上，日本著
名女时装设计师森英惠曾以一系列"浮世绘"
为题材，将风俗、花卉、武士、游女等图案
移植到时装创作上。而欧洲设计师们在成衣
设计中对此的大范围运用则要稍晚一些，但
近几年却有了百花齐放的趋势。2011 年，凯
卓（Kenzo）的继任设计师安东尼奥·马拉斯
（Antonio Marras）将朴素的木纹图案和绚丽的
樱花图案拼贴，并把取自日本浮世绘版画中
的浪花图案融进黑灰色西装上衣和长裙上。
而马修·威廉姆森（Matthew Williamson）
2012 早春度假系列女装，就将浮世绘中的山
水风景画和人物画"绘"上时装，将服饰变

图 6 - 23　米索尼女装中的
浮世绘元素

为最生动的画板。华丽花朵刺绣的圆领西装搭配东瀛风格印花套裙，展现了
干练 OL 西装剪裁碰撞古老东瀛风情的别样味道。对日本文化情有独钟的缪西
娅·普拉达（Miuccia Prada）则把安迪·沃霍尔（Andy Warhol）受日式画风
影响的波普艺术红色花朵，当作 2013 春夏系列的绝对主角，配合改良版和服
式设计款，带出温柔的女人味。和前几年比，2015 春夏秀场上的日式设计已
经进化到了"润物细无声"的境界，没有设计师大张旗鼓地宣布自己这一次
设计的灵感来源于日本，但和服、腰带、刺绣等元素比比皆是，甚至赶超以
往，和风不再是从遥远东方偶尔借来的灵感，而是前所未有地融入主流时尚
圈，融入日常穿着中，让人不禁想起"浮世绘"这个词的本义：描绘人们日
常生活情景的作品。

　　其实不仅是女装，一些设计家在男装的设计中也大胆引入了一些浮世绘
元素。拉夫·西蒙斯（Raf Simons）的 2015 春夏男装系列于巴黎发布。大量
老照片层叠拼接、印花上截取了日本浮世绘风格的疾风、花团，构成了拉夫

男装系列的亮点。当男模们转过身后,隐藏在背后的"浮世绘"更是让人印象深刻(见图6-24)。

图6-24 拉夫2015春夏男装中的浮世绘元素

中国的设计师也不甘落后,在衬衫、帽子、文化衫中都引入了浮世绘元素,成为时装界一道特殊的风景线。如深圳朵雅服饰公司生产的浮世绘文化衫(见图6-25)、义乌市艺顶服饰商行生产的浮世绘帽子(见图6-26)、苏州市居上服饰有限公司生产的韩版新款时尚百搭浮世绘蓝白图腾印花长袖(见图6-27)等,都是业界的佼佼者。甚至还有以浮世绘命名的服装公司,如广州浮世绘服装有限公司,该公司于2014年6月13日在广州工商局登记注册。

图6-25 深圳朵雅服饰公司生产的浮世绘文化衫

图 6 – 26　浙江义乌市艺顶服饰商行生产的浮世绘帽子

图 6 – 27　苏州市居上服饰有限公司生产的
浮世绘图案衬衫

第四节　浮世绘在女装设计中的应用实践

中国文化博大精深，其特点是在不断吸收周边民族优秀文化的基础上而日益趋于完善。在近现代中日两国的服饰文化交流中，日本服饰文化的环流现象也渐渐显露。浮世绘艺术作为邻国日本的杰出文化代表，中国服装界完全有理由和义务予以更多的关注。之前章节通过分析国内外服饰设计师作品中对浮世绘元素的运用，为接下来的浮世绘服饰主题设计实践提供了从设计理念到后期制作等现实意义的参考价值。

浮世绘服饰主题设计是基于当下最新的流行趋势，深入挖掘浮世绘元素中的文化内涵与艺术元素，选取浮世绘中的"景物绘"与"美人绘"为服饰设计实践的灵感，最终完成符合当代追求人文创意的生活方式和服饰审美需求的系列创意女装，为今后中日服饰艺术文化传承与服饰艺术创作提供了现实的借鉴作用。

长期以来，笔者坚持"科研反哺教学"之理念，努力尝试把自己的一些最新研究成果和心得体会在平时的课堂教学、毕业设计指导等环节中进行实践运用，以此检验由课题研究而生发的理论的有效性与时代性，从而不断调整更新教研方向与内容，同时让学生同步接受国内外最新行业知识的熏陶，激发他们自主学习的求知欲，指导学生设计并完成具有时代感的毕业作品，以得到行业的认可，从而为顺利迈入社会打下基础。经过多年的积累与探索，上述教研方法取得了良好的社会效应，亦得到了同行的首肯。在历年的学生毕业作品展示会上，由笔者指导的一些作品赢得良好的反响，为学生成功走向一名服装设计师打开了通道。以下选取其中两个笔者偕同仁指导、学生完成的结晶成果作为例证，旨在说明现代服饰设计与日本浮世绘元素之间的继承扬弃关系。作品虽然有些稚嫩和不完善，但作为我国服饰发展趋势过程中的国内外文化融合案例，恳请方家指点并提宝贵意见。

一、"传奇"系列

（一）设计灵感

在众多运用浮世绘文化元素的设计作品中，设计师们对葛饰北斋的经典作品《富岳三十六景》中的"神奈川海浪里"显得最为青睐。这幅作品创作于 19 世纪，也是葛饰北斋的代表作之一。以这幅作品海浪展现的丰富形态和浓郁色泽为灵感的印花，也成了时下和风风格的典型图案，体现了浮世绘中景物画派的艺术形式拥有经久不衰的魅力。

（二）设计风格与特征

本系列主题实践采用明代宫廷后妃服饰中杏黄色与葛饰北斋《神奈川海浪里》的浪花图案为设计元素，加上时尚廓形与线条分割，穿着海水图案的女性就犹如沧浪濯身的蛟龙，迎风破浪中体现中国女性的独立与自强。不同于以往表现女性细腻含蓄的服饰作品，本系列女装设计在服装色彩、材料、廓形、内部结构、部件、装饰细节等元素的表现和处理上，彰显了中国文化大国的崛起与豪迈之风。

（三）色彩运用

色彩在服装设计中是最突出的视觉语言，多层次的色彩搭配具有视觉冲击力和艺术感染力。"传奇"系列设计中的色彩以中国明代后妃倾心的杏黄色与日本浮世绘名作《神奈川海浪里》（见图 6 - 28）的普蓝色与白色为主打色

图 6 - 28　《神奈川海浪里》

彩（见图6-29）。鹅黄色让人感觉淡雅清爽，有一种赏心悦目的观感，让人的心不知不觉宁静下来，也带有几分甜而不腻的清新；蓝白相间的分明与冷冽，体现博大的胸襟与理性的思维；保留传统色彩的基本色调和风格，通过不同色彩之间的重新配置，形成独特的审美情趣，给人焕然一新的时尚感。

图6-29　明穆宗之孝安皇后像图

（四）面料

本系列服装采用经典的双色交织金属质感的聚酯纤维面料。这种面料的主要特点是手感厚实，滑糯柔软，加之悬垂性好，挺括不皱，在外观上色彩变幻迷人。面料由于采用三角异型丝，所以在灯光和阳光下会闪烁光彩，在不同角度看，其闪光度也将随之变化，再辅以雪花纹样的镂空网眼纱的搭配，形成紧密与清透的质感对比，更加符合设计主题。

（五）款式造型

"传奇"系列设计以A型、X型、T型等为外轮廓型，提炼出明代女服中的云肩、霞帔、窄袖、百叠裙等服饰结构元素，在前胸、后背、袖口进行大胆借鉴，与如今宽松的服装廓形进行结合，加之海浪般翻飞的荷叶褶皱处理；配合面料的厚薄混搭，形成多层次的立体造型。自然、丰富、生动而独特的设计手段，表现出新鲜而生动的中日结合的服饰意境和情趣（见图6-30）。

图 6 - 30　"传奇"系列款式图展示

（六）成衣作品

"传奇"女装系列共 5 套，见图 6 - 31 至图 6 - 35。

图 6 - 31　"传奇"女装系列第一套

图 6 - 32　"传奇"女装系列第二套

图 6－33　"传奇"女装系列第三套

图 6－34　"传奇"女装系列第四套

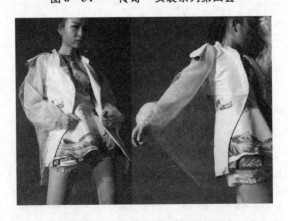

图 6－35　"传奇"女装系列第五套

二、"主宰"系列

（一）设计灵感

本系列设计以浮世绘代表画家鸟文斋荣之、歌川丰国等以年轻美丽的女子为题材的"美人绘"为设计灵感。这类题材经常以美女形象刻画、鲜活的平涂色彩和鲜活的人物表情来展现各年龄段女性婀娜多姿、雍容华贵的形象，将浮世绘美人画推向新的高度。本系列设计将鸟文斋荣之代表作《七贤人略美人新造揃》（见图6–36）、歌川丰国的《三曲合奏图》（见图6–37）、腾川春扇的《青楼名君六玉川》等作品与现代服饰结合，塑造当代女性的服饰艺术。

图6–36　鸟文斋荣之的代表作
《七贤人略美人新造揃》

（二）设计风格与特征

本系列主题实践以浮世绘美人画中线条简洁概括，配以艳丽、纯粹而又鲜明的色彩，构图上不受空间透视和立体之约束，这种与众不同的艺术形式为印花图案；结合夸张多变的外轮廓造型，恣意潇洒的不对称荷叶摆的处理

图 6 - 37　歌川丰国的代表作《三曲合奏图》

等后现代解构造型手法，体现女人特立独行又不乏女性特征的处事风格，正是"我是自己世界的主宰"的主题精髓所在。

（三）色彩选用

白色是无彩色，象征着纯洁高贵。崇尚白色的女性通常志向高远，有着理想与追求。同时根据浮世绘美人画的特征，为了衬托美人绘的作品鲜明色彩，突出印花图案的重点，选择干净无邪的白色为服饰主打色。

（四）面料

对于面料的选择是紧跟时尚脉搏的，为了突出数码印花图案以及服装的廓形，同时让不同材质的面料搭配形成视觉的冲击与触感的对比，选用了两种截然不同的面料。一种是凹凸质感强烈的弹力太空棉，另一种是双色交织金属质感的聚酯纤维面料；方格纹理与光泽斜纹产生手感上的趣味对比，兼具挺括密实的性能，十分利于雕塑般廓形的立体塑造与印花图案的着色。

（五）款式造型

"主宰"系列设计以硬朗的 X 型为外轮廓造型，在领口处以不规则多层叠的荷叶褶皱为设计亮点，与之呼应的夸张荷叶衣摆，立体宽边曲面裙型，都体现追求雕塑般的立体结构设计。最能体现浮世绘美人画的数码印花图案设计，鲜艳明快的色彩，翩若惊鸿的动态造型，生动的人物表情，使整组系列产生时尚又复古的"和风"服饰艺术（见图6－38）。

图6－38 "主宰"系列款式图展示

（六）成衣作品

"主宰"系列成衣共5套，见图6－39至图6－43。

图6－39 "主宰"女装系列第一套

图 6 – 40 "主宰"女装系列第二套

图 6 – 41 "主宰"女装系列第三套

图6-42　"主宰"女装系列第四套

图6-43　"主宰"女装系列第五套

第五节　结语

本章是将日本的浮世绘作为对象，论述了浮世绘中的中国元素及对世界时装设计的影响。浮世绘在日本绘画史上占有显赫的地位，对世界艺术发展也有着各种影响。结合上述的论述，就我国时装界如何正确利用浮世绘元素，得到以下一些启示：

一是主题选取的禁忌。上面已经提到，浮世绘中含有大量低俗、不健康的画作，我们在进行时装设计时，首先要避开这些画作。此外，一些死人遗像、不知名的男性大头画等也不太适宜引入我国的时装设计中。

二是浮世绘元素总的来说比较适合女装的设计应用，因为它具有一种天然的异国情趣和阴柔美。但是，在设计上应具有深度的创意，不断开拓表现女性生活的广阔领域。

三是浮世绘与女性时装画的关系。浮世绘的色彩有其独特之处，用色具有浓郁的日本民族风格。人物形象不同，其繁简复杂程度也有很大区别。

在时装画中借鉴浮世绘元素之际，要充分考虑到以上这些因素，合理扬弃，取其精华。

历史的发展告诉我们，文化是属于热爱它的人。在文化交流过程中，不论个别文化强弱如何、取向如何，只有相互之间作用与影响，才会得到长远健康发展。

由于我国对浮世绘的研究和认识尚起步不久，许多问题还有待解决。而我国时装界大胆借用浮世绘这种日本文化元素也是一个较晚的事物。浮世绘中有精华，也有糟粕，这一点尤其值得我们注意。假设一位服装设计师将一些不健康，抑或敏感题材的浮世绘搬上设计作品，那将带来很大不良后果，给公司和模特都会带来无法估量的损失。因此，今后只有准确地甄别和驾驭来自异国的这种艺术，才能使中国的时装界更加生动，中外艺术相得益彰，生命力才更长久。

第七章

明清时期中琉服饰文化交流

　　在明代的东亚国家关系中，有一位重要成员即琉球王国（见图 7 - 1）。具有"万国津梁"之称的琉球，在 14 世纪以后的东亚海域交通尤其是中转贸易上发挥了重要作用。大明建国初期，琉球王国分为三个：察度王中山、承察度王山南、帕尼芝王山北。洪武五年（1372），明太祖遣行人杨载以即位建元诏告其国，中山王察度遣其弟泰期随杨载入明来贡，从此开始了两国间的友好往来。永乐二年（1404），明琉两国正式建立了册封关系。终明一代，明朝对琉球的册封，自洪武五年至崇祯二年（1629），共 16 次，派遣册封使臣 29 人。①

图 7 - 1　2019 年 10 月 31 日烧毁之前的琉球首里城

---

① 李金明：《海外交通与文化交流》，云南美术出版社 2006 年版，第 25—26 页。

那么，琉球王国派遣的朝贡使团情况又如何呢？根据日本学者冈本弘道的研究，具有以下几方面特点：

第一，朝贡开始阶段，大致是二年一贡。洪武十六年（1383），内使监臣梁民出使琉球，赐予中山王镀金银印，并诏谕停止三山的抗争后，朝贡频率急速增大。因此，洪武十六年是一个分界线。

第二，直至 1430 年为止，朝贡次数虽然略有增减，但基本保持在一年三次的频度。这也是朝贡的高潮期。三山之中，中山王占据优势，1380—1390 年山南、山北虽见增长之势，但 1400—1420 年，日趋衰落，最后被中山王替代。

第三，1440 年开始，朝贡频度转为下坡。这种现象至少维持至 1460 年。1460—1470 年，在朝贡频度急剧下降的同时，每次朝贡船只的数量却有所增加。1480 年以后基本安定在两年一次的朝贡频度，贡船的数量每次 2—3 艘。

第四，在倭寇猖獗的嘉靖后期即 1550—1560 以及 1570 年代，朝贡船只的数量急剧增多。其中的一个特点是以护送、补贡、迎贡为名目的进贡船只频频派遣。

第五，在琉球的贡品中，国产的马和硫黄占据绝对多数。①

换言之，如从服饰纺织品的角度来考察中琉关系，可知从琉球输往中国的偏少，而由中国传入琉球的占据绝对地位。那么，具体情况到底如何？

第一节　明初中琉两国朝贡、赏赐中的服饰

根据《明实录》洪武五年（1372）十二月的记载，"十二月壬寅（廿九日），杨载使琉球国。中山王察度遣弟泰期等奉表贡方物。诏赐察度大统历及织金文绮、纱罗各五匹，泰期等文绮、纱罗、袭衣有差"。这是明廷赐给琉球中山国的最初服饰品，包括织金文绮、纱、罗、袭衣等物。自从有了这一去一来（杨载先去、泰期后来），中琉关系进入交流常态，尤其是琉球开始频繁进贡。

---

① ［日］冈本弘道：《琉球王国海上交涉史研究》，榕树书林 2010 年版，第 19—21 页。

一、琉球贡品

洪武五年（1372）正月，明廷派遣杨载，持诏谕琉球国，敦促其称臣入贡。同年十二月，琉球国的中山王察度派遣弟弟泰期等奉表贡方物，自此拉开了中琉交流的序幕。根据《明史》中的记载，琉球来明朝贡次数达 171 次之多，是来贡最频繁的国家，远远超过安南、日本等国。

但是，对于洪武五年琉球王国的贡品，在《明实录》中没有记载，细目不得而知。洪武七年（1374）十月来贡时，献上的是马和方物。① 到了洪武十年（1377）正月，琉球国中山王察度遣其弟泰期等进表贺正旦，贡马十六匹、硫黄一千斤。② 实际上，这马和硫黄正是明初的重要战略物资，也成为琉球王国的重要贡品。在《明实录》中，洪武、永乐两朝有明确记载的琉球上贡的马和硫黄数量详见如下：

> 洪武十年正月：马 16 匹，硫黄 1000 斤。
>
> 洪武十五年二月：马 20 匹，硫黄 2000 斤。
>
> 洪武十九年正月：马 124 匹，硫黄 11000 斤。
>
> 洪武二十年二月：马 37 匹。
>
> 洪武二十年十二月：马 30 匹。
>
> 洪武二十三年正月：马 41 匹，硫黄 8000 斤。
>
> 洪武二十七年正月：马 90 余匹。
>
> 洪武二十九年四月：马 100 匹，硫黄 7000 斤。
>
> 洪武二十九年十一月：马 37 匹。
>
> 永乐八年三月：马 110 匹。

当然，琉球王国的贡品除了以上的马匹和硫黄外，主要还有苏木、胡椒、螺壳、海巴刀、生红铜、锡、牛皮折子扇、磨刀石、玛瑙、乌木、降香、木香。③ 至于琉球的纺织品作为贡品流入明朝的实在不多，至少在洪武、永乐时

---

① 《太祖实录》卷九三"洪武七年十月癸巳朔"条。
② 《太祖实录》卷一一一"洪武十年正月庚辰朔"条。
③ 黄省曾、谢方校注：《西洋朝贡典录校注》，中华书局 2000 年版，第 53 页。

期没有。但是到了 15 世纪末期，贡品中有较多的"土夏布"和"芭（土）蕉布"，它应是琉球王国的一种原产土布。万历期间，一名史称"蔡夫人"的琉球使者还曾向明朝上贡了自己所织的美丽绝伦的花布。①

二、明朝回赐中的纺织品

从明太祖开始，明朝不断派遣使臣，携带大量的服饰衣料、丝绸、锦绮、纱罗、瓷器等物品，作为明朝皇帝馈赠各国国王、首领的礼物，前往各国积极开展外交联系。一方面宣扬国威、儒家的治国理念，建立起正常的外交关系；另一方面邀约各国派遣使臣到中国来朝贡。各国携带土贡来朝贡，承认明朝为宗主国，明太祖即纳其贡而回赐丰厚的服饰衣料等物。与此同时，允许各国使臣将带来的私货在规定的会同馆等地进行贸易，并予以免税的特殊待遇。赐服不仅成为政治隶属关系的象征，开展朝贡贸易的前提条件，而且是保障获得贸易资格的一个重要标志。否则，明朝往往使用却贡和拒绝朝贡的方式来惩罚那些违规、不履义务的桀骜不驯者。②

明朝前期与各国的朝贡贸易，是在"朝贡"的名义下进行的官方交易。各国使者以进贡之名，远渡重洋，前往设置市舶司的广东、福建、浙江，经官府验实贡物后运送至京。其余私货经收购或抽分后，即可交易。

明初规定原则上各国三年一贡，但根据《大明会典》记载，琉球的贡期是两年，日本是十年。由于明朝实行薄来厚往，所以尽管对各国都有贡期规定，但往往受其利益驱使而不遵守。明初时，琉球三王频频入贡，洪武朝 20 次，永乐朝达到 55 次之多。琉球的贡道是福建，贡品在上一节已经提到，而明朝回赐多为丝织品、金、印、玉器、铜钱以及《大统历》等。但是，根据各国的实际情况，赐物也各有特点。下面就对洪武、永乐时期明朝赐予琉球的纺织品做一归纳总结，详见如下：

> 洪武五年十二月，赐给国王织金、文绮、纱罗，使者文绮、纱罗、袭衣。
> 洪武七年十月，赐给国王金织、文绮、纱罗，使者文绮、罗、帛、

---

① 庄景辉：《泉州港考古与海外交通史研究》，岳麓书社 2006 年版，第 291—292 页。
② 王熹：《明代服饰研究》，中国书店 2013 年版，第 355 页。

袭衣、靴袜。

洪武九年四月，赐给琉球国罗、绮、纱、帛、袭衣、靴袜。

洪武十一年五月，赐给琉球国文绮、缯帛。

洪武十三年三月，赐给国王织金、文绮、纱罗。同年十月赐给国王金织、文绮，使者文绮。

洪武十五年二月，赐给国王织金、文绮、纱罗、帛，使者绮、帛。

洪武十六年正月，赐给国王织金、文绮、帛、纱罗，使者文绮、帛。同年十二月，赐给使者袭衣。

洪武十七年正月，赐给琉球国文绮、衣服。同年六月，赐给使者文绮。

洪武十八年正月，赐给使者文绮。

洪武二十一年正月，赐给国王文绮。

洪武二十六年正月，赐给使者锦绮。

洪武二十九年五月，赐使者衣。

永乐元年二月，赐给琉球国文绮表里、绸绢衣。同年三月，赐给国王冠服，使者袭衣、文绮。同年八月，赐给国王绒绵、织金、文绮、纱罗，使者苎丝衣。

永乐二年二月，赐给国王布帛，用于吊唁国王察度。同年三月，赐给琉球国文绮、彩币，同年十月再赐袭衣、文绮。

永乐三年三月，赐给琉球国文绮、袭衣，四月再赐袭衣、彩币表里、文绮。

永乐七年五月，赐给琉球国衣服。

永乐九年六月，赐给国王彩币。

永乐十年四月，赐给琉球国文绮表里。

永乐十一年正月，赐给琉球国文绮。同年八月，再赐文绮表里。

永乐十三年五月，赐给国王冠服。同年九月，赐给琉球国文绮。

永乐十五年闰五月，赐给国王绒锦、织金、文绮、纱罗，使者文绮表里、金织纱衣。同年八月，赐给琉球国文绮表里。

永乐十六年二月，赐给琉球国文绮表里。同年五月赐给使者冠带、苎丝、纱罗、彩绢。

永乐二十二年二月，赐给国王布帛，用于吊唁国王思绍。同年八月，赐给琉球国衣服。同年十二月，赐给琉球国彩币表里。

明廷对琉球国王和差来王舅的赐服有比较详细的规定，万历《明会典》记载：赐给三王的服饰有纻丝、纱、罗和冠服；王妃有纻丝、罗；赐给国王的侄子、王相、寨官的有绢、公服。前来朝贡时，回赐国王的有锦四段，纻丝、罗各六匹，纱八匹；王妃的有锦二段，纻丝、纱各四匹。赏赐给差来王舅的赐服有彩缎四表里、纱帽一顶、钑花金带一条、织金纻丝衣一套、鞋袜各一双；长史、使者每人赐给彩缎二表里、折钞棉布二匹；通事每员赐给彩缎一表里、折钞棉布二匹；从人每名赐给折钞棉布二匹。从文献描述的内容看，上述标准得到了较好的执行。

从上述主要就明朝洪武、永乐时期我国流传琉球王国的纺织品做了考察，可以归纳为以下几点：

1. 洪武时期以洪武九年（1376）为界，之前赐予的纺织品相对较多，品种也比较丰富，之后明显式微，其实这是有原因的。洪武九年（1376）四月，刑部侍郎李浩出使琉球回国，购得良马四十匹、硫黄五千斤。上面已经提到，马匹和硫黄是明初的重要战略物资，所以光靠琉球王国的朝贡是不够的，因此政府还专门派遣使者赴琉球采购这类物资。根据李浩之言，琉球国内市场上"市易不贵纨绮，但贵瓷器、铁釜等物"①，也就是说在琉球，丝织品不贵，而瓷器、铁锅等价格昂贵。因而自此之后，明朝赐予琉球的物品以及用于购买马匹的多用瓷器、铁釜。

2. 永乐朝赐予琉球的纺织品主要集中在前三年，后期有所减少，因赐物大都以钱钞来替代。但永乐十五年（1417）闰五月的赐物中，纺织品较多。

3. 赐予国王的纺织品中主要有织金、文绮、纱罗、绒绵等，而使者主要是文绮、纱罗、袭衣、靴袜等。一个区别是织金（金织）一般只赐予国王。

4. 永乐朝和洪武朝相比，纺织品种类有所增多，如绸绢衣、彩绢、苎丝衣、绒织物等。

5. 吊唁琉球国王时，一般要赙以布帛。这也许是明朝的习俗或当时琉球王国的所缺物资。

6. 自从中琉建立国交之后，中方参与两国交流的人员众多，除了通事、

---

① 《太祖实录》卷一〇五"洪武九年四月甲申朔"条。

船员之外，还有众多技工移居琉球，他们大多定居久米村。不难想象，这些人员的服饰文化一定通过各种渠道和方式对琉球土著居民产生不小的影响。①

三、琉球官生"衣食常充"

洪武二十五年（1392）五月，琉球国中山王察度遣从子日孜每、阔八马、塞官子仁悦慈入国学读书。这是《明实录》中有关琉球王国派遣官生（政府选派的留学生）入读明朝最高学府国子监的首次记录。让人惊叹的是这种选派官生的制度直至清朝同治七年（1868）年为止，坚持了将近 500 年的时间，这应该是世上绝无仅有之事。

琉球官生在明朝的待遇是相当高的，以至成为朝议话题。永乐八年（1410）的某日，朱棣与群臣在言及琉球官生的待遇之时，礼部尚书吕震说："昔唐太宗兴庠序，新罗、百济并遣子来学。尔时仅给廪饩，未若今日赐予之周也。"即吕震认为，当年新罗、百济的学生来唐朝留学时，公家也只发给他们膳食津贴，不如当今的待遇之好。朱棣却说："蛮夷子弟慕义而来，必衣食常充，然后向学。此我太祖美意，朕安得违之。"而朱棣认为善待琉球官生有两个理由：一是外国人来中国，首先得丰衣足食，然后才能安心学习；二是这也是祖规，不能违抗。

那么，在衣食上琉球官生究竟得到了明朝政府的哪些厚遇？下面通过具体例子做一说明。

上面已经提及，洪武二十五年（1392）五月琉球的首批官生一行三人来明留学，当时朱元璋即"命各赐衣巾、靴袜并夏衣一袭、钞五锭"②。同年八月，"赐琉球生日孜每、阔八马等罗衣各一袭及靴袜、衾褥"③。四个月时间里，朝廷赐予衣物两次，主要有衣巾（衣服和头巾）、靴袜、夏衣、罗衣（轻软丝织品制成的衣服）以及衾褥（寝具），此外还有钱。明朝政府赐予琉球官生的衣物等情况，详见如下：

> 洪武二十五年五月，官生日孜每、阔八马、仁悦慈等人入学之际，

---

① （日）李献璋《明清時代における琉球の服飾と染織》，法政大学沖縄文化研究所《沖縄文化研究》15，1989 年 2 月。
② 《太祖实录》卷二一七"洪武二十五年五月辛巳朔"条。
③ 《太祖实录》卷二二〇"洪武二十五年八月庚戌朔"条。

各赐衣巾、靴袜并夏衣一袭、钞五锭。八月，赐给日孜每、阔八马等罗衣各一袭及靴袜、衾褥。十二月，三五郎尾、实他庐尾、贺段志等入学之际，各赐钞各五锭、襕衫、缁巾、皂绦、靴袜并文绮绸绢衣一袭。

洪武二十六年四月，段志每入学之际，赐给夏衣、靴袜，其他官生夏衣、靴袜，其傔从之人亦皆有赐。八月，赐给仁悦慈等罗绢衣各一袭，其从人亦给布衣。十一月，赐给贺段志等袭衣、钞锭。

洪武二十八年九月，赐给官生秋冬衣。

洪武二十九年二月，三五郎亹、实那庐亹等归省之际，赐给三五郎亹白金七十两、彩段六表里、钞五十锭。实那庐亹等钞二十锭、彩段一表里。五月，赐官生夏衣。九月，赐秋冬衣。十一月，麻奢理、诚志鲁、三五郎亹入学之际，赐衣巾、靴袜。

洪武三十年八月，赐仁悦慈等罗衣一袭。九月，赐官生冬衣。

洪武三十一年四月，赐官生夏衣。

永乐三年五月，李杰入学之际，赐夏衣一袭。十月，赐李杰并其从人衣衾。

永乐四年三月，石达鲁等六人入学之际，各赐钞三十锭、罗衣一袭并夏衣等物。八月，再赐石达鲁等并从人绸绢、棉布冬衣。

永乐五年五月，赐石达鲁等并其从人夏衣。

永乐六年十一月，赐王达并从人冬衣、靴袜。

永乐七年十一月，赐李杰等及其从人冬衣、靴袜。

永乐八年六月，模都古等二人入学之际，赐巾、衣、靴、绦、衾褥、帐具。八月，赐杨麟等衣服、衾褥、巾绦、靴袜。十一月，赐李杰等并其从人冬衣、靴袜。

永乐十年六月，赐怀德等夏布、襕衫、绦靴。

永乐十一年二月，邬同志久、周鲁每、恰那晟入学之际，赐衣衣物。五月，模都古等三人归省之际，赐彩币表里、袭衣及钞为道里费，仍命兵部给驿传。赐怀得等夏衣等物。十二月，再赐怀德等冬衣、靴袜。

永乐十二年六月，赐益智每等二人罗衣、布衣各一袭及襕衫、靴袜、衾褥、帐等物，赐其从之人，有差。

永乐十三年五月，赐益智每等夏衣。

永乐十四年六月，赐官生夏衣。

从上述的记载还可以发现：第一，夏衣、冬衣一般每年各赐一次，时间在五月和九月左右。第二，琉球官生入学之际，赐予的行头比较齐全，除了生活用品外，还有钱钞。第三，官生归省时，为了表示明朝的皇恩浩荡，除了提供路费外，也赐予彩缎等纺织品。第四，除官生本人外，其从人也有赏赐。

乾隆二十五年（1760），琉球陪臣子弟郑孝德、梁允治、蔡世昌、金型入学国子监，湖南安乡人潘相（1713—1790）以拔贡生选为琉球官学教习。

潘相在其《琉球入学见闻录》中，对本次琉球官生的衣帽给予制度有一个具体的陈述：

> 官生每人冬季各给貂皮领袖、官用缎面细羊皮袍褂、纺丝棉袄中衣各一件，染貂帽各一顶，鹿皮靴连毡袜各一双（此次鹿皮靴改给缎靴）。春秋二季，各给官用缎面杭䌷里棉袍、官用缎面纺丝䌷里棉褂、纺丝衫中衣各一件，绒缨凉帽各一顶，官用缎靴各一双，马皮靴各一双（此次马皮靴亦改给缎靴）。夏季，各给硬纱袍褂、罗衫中衣各一件。每年春季，各给纺丝面布里棉被、棉褥、纺丝头枕各一分。跟伴四人，每年冬季各给布面老羊皮袍、布棉袄中衣各一件、貂皮帽各一顶，马皮帮牛皮靴、布棉袜各一双。春秋二季，各给布棉袍褂各一件。夏季，给单布袍、布衫中衣各一件，雨缨凉帽各一顶。每年春季，给布棉被褥、头枕各一分。此项物件，内除库贮滞者领取成做给发外，其库无之染貂帽、貉皮帽、绒缨凉帽、雨缨凉帽，交该办买催总等，每季按时买给。此项应给衣帽，俱于每年二月、五月、十月内，国子监按季出具印领，内务府照数遣官送给。①

衣帽给予的对象除了琉球官生外，还有四位跟伴，共计八人。所谓"衣帽"实际上包括了衣服、鞋靴、帽子、被褥、枕头等，并按照四季变化由内务府遣人送给。从中不难发现，明朝政府对琉球官生的待遇相当丰厚。

官生学成，即将归国之际，"亦照都通事之例，赏给大彩缎各二匹，里各

① 潘相：《琉球入学见闻录》，应国斌点校，方志出版社 2017 年版，第 172—173 页。

二匹，毛青布各四匹。跟班二名亦照例赏毛青布各四匹"①。除了赏赐，还要"筵宴一次"，给驿令随贡使等一同归国。不仅如此，有时还可得到加赏。如雍正年间的官生郑秉哲，因父母年老奏请归国，除上述待遇外，还加赏"内库缎二匹，里二匹，从人等每人著加赏官缎各一匹"②，"内库缎"和"官缎"应该都是上等的丝绸。

图 7 - 2　传统琉球服饰

第二节　明清册封使携往琉球的敕赐服饰及纺织品

从明朝洪武五年（1372）开始至清代同治五年（1866）为止的将近 500 年时间里，中国共派遣琉球册封使 24 次，由于前 11 次的出使记录"琉球国旧案因曾遭回禄之变，烧毁无存"（陈侃《使琉球录》），存世的相关出使记录还剩 13 部左右。自从嘉靖十三年（1534）陈侃为正使的册封使开始至最后

① 潘相：《琉球入学闻见录》，文海出版社 1983 年版，第 256 页。
② 潘相：《琉球入学闻见录》，文海出版社 1983 年版，第 257 页。

一次为止，除道光十八年（1838）林鸿年为正使的册封使团没有留下记录外，其余各次都有使团成员的著作存世，为我们了解中琉服饰文化交流、琉球王国服饰制度、纺织技术提供了一手资料。

明清时期中国朝廷派遣册封使，不仅是一项重大的政治任务，而且也是维系华夷秩序、恩泽四方的抚慰政策。在政治任务中，首先是祭奠先王，再是册封新王，最后是颁赐赏物和琉球新王的谢恩。此外，文化交流、经贸活动、风俗体验等也是册封使团在琉期间不可或缺的内容之一。在颁赐物品中，占据主要份额的往往是衣冠和布匹。明清两代对各阶层的衣冠制度有严格规定，正所谓"辨等次，昭名分"，对各藩属国也要求"衣冠悉尊本朝制度"，所以每次在册封新王之际，都会颁赐一整套藩王穿戴的衣冠，以示归附宗主国。赏赐较多数量布匹的原因，盖是琉球王国纺织技术滞后，中国生产的织物在彼国大受欢迎之故，何况是来自宫廷的贡品。

对琉球王国的颁赐有明文规定，除特殊情况外，大都雷同，兹选取几例以作讨论。

一、陈侃使团

陈侃，字应和，号思斋，今宁波市鄞州区姜山镇人。据已被毁的陈氏宗谱记载，陈侃可能出生于明正德二年（1507）。嘉靖五年（1526），考中进士，被授予行人司行人。嘉靖十三年（1534）五月，陈侃以吏科左给事中身份担任琉球册封使正使，行人司行人高澄（河北固安人、嘉靖八年进士）出任副使。一行由福建长乐六石出海，同月抵达琉球王国的那霸，九月完成使命开始返回。翌年，陈侃进献《使琉球录》。

关于颁赐国王的衣冠和织物，陈侃在《使琉球录》中记载道：

> 纱帽一顶（展角全）、金厢犀束带一条、常服罗一条、大红织金胸背麒麟圆领一件、青褡一件、绿贴里一件、皮弁冠服一副、七旒皂皱纱皮弁冠一顶（旒珠金事件全）、玉圭一枝（袋全）、五章绢地纱皮弁服一套、大红素皮弁服一件、素白中单一件、绣色素前后裳一件、缥色素蔽膝一件（玉钩全）、缥色妆花锦绶一件（金钩玉玎珰全）、红白素大带一条、大红素纻丝舄一双（袜全）、丹矾红平罗销金夹包袱四条、纻丝二匹（黑绿花一匹、深青素一匹）、罗二匹（黑绿一匹、青素一匹）、白氁丝

布十匹。

妃、纻丝二匹（黑绿花一匹、深青素一匹）、罗二匹（黑绿一匹、青素一匹）、白毡丝布十匹。①

这是嘉靖十一年（1532）八月十七日下的赏赐清单，除了给国王颁赐外，还会对王妃、官员等进行不同赏赐。从上述的物品中可见，包括了冠、带、鞋袜、上衣下裳，还有众多的丝绸、布匹。

二、萧崇业使团

萧崇业（1545—1588），字允修，号乾养，明代建水州（今属云南）临安卫（一说蒙自新安卫）人，② 隆庆五年（1571）进士，官至南京右佥都御史。万历四年（1576）以户科给事中充任册封琉球正使。

副使谢杰（1537—1604），字汉甫，号绛梅，福建省长乐县江田人。万历二年（1574）进士，授行人。后历任光禄寺丞、两京太常少卿、顺天府尹，官至户部尚书，卒于任，赠太子太保。有著述十余种。③ 曾因两次拒收琉球王国馈赠的厚礼，琉球特为其建造"却金亭"而声噪一时。但是，徐葆光在《中山传信录》中则披露了一则谢杰在琉球"强买强卖"的事件："前明琉球人，不剃发，惟不用网巾。万历中，册使谢行人杰——闽之长乐人，母舅某从行，携网巾数百事，至无可售；谢使迟册封礼久不行，云本国既服中华冠带，册封日如陪臣有一不网巾者，册事不举；琉人竞市一空。福建至今相谑强市者，则云'琉球人戴网巾也'。"④ 即谢杰利用职权兜售母舅所带的网巾，成为福建一带"琉球人戴网巾"俗语的专利者。但也有学者认为正是谢杰的上述行为，证明了他具有精明的商业头脑和商业意识，并指出他是第一位敏锐洞察到日本对中国以及琉球怀有不良居心的册封使。⑤

回国后，两使臣撰有《使琉球录》二卷，其中对国王、王妃的赏赐记

① 陈侃：《〈使琉球录〉译注本》，袁家冬译注，中国文史出版社 2016 年版，第 8—10 页。
② 朱端强：《出使琉球——萧崇业》，云南人民出版社 2015 年版，第 6、101 页。
③ 方宝川：《谢杰及其著作考略》，载《福建师范大学学报》，2009 年第 2 期。
④ 徐葆光：《中山传信录》，见《清代琉球纪录集辑》（第二册），（台湾）中华书局 1971 年版，第 74 页。
⑤ 薛曦：《闽籍琉球册封使谢杰其人其事其文》，载《宁德师范学院学报》（哲学社会科学版），2012 年第 1 期。

载道：

> 颁赐国王，纱帽一顶（展角全）、金厢犀束带一条、常服罗一套、大
> 红织金胸背麒麟圆领一件、青褡一件、绿贴里一件、皮弁冠服一副、七
> 旒皁皱纱皮弁冠一顶（旒珠金事件全）、玉圭一枝（袋全）、五章绢地纱
> 皮弁服一套、大红素皮弁服一件、素白中单一件、纁色素前后裳一件、
> 纁色素蔽膝一件（玉钩全）、纁色妆花锦绶一件（金钩玉玎珰全）、红白
> 素大带一条、大红素纻丝舄一双（袜全）、丹矾红平罗销金夹包袱四条、
> 纻丝二匹（黑绿花一匹、深青素一匹）、罗二匹（黑绿一匹、青素一
> 匹）、白氁丝布十四。
>
> 妃，纻丝二匹（黑绿花一匹、深青素一匹）、罗二匹（黑绿一匹、青
> 素一匹）、白氁丝布十四。

从种类上看，几乎与前两者相同，只是在花色上略有区别而已。

三、夏子阳使团

万历三十四年（1606），应琉球国中山王尚宁所请，明廷任命夏子阳、王
士祯为正副使赴琉球册封。夏子阳（1552—1610），字君甫，号鹤田，江西玉
山人。明万历十七年（1589）进士。曾任绍兴府推官，官至兵科右给事中。
王士祯（1634—1711），字子真、贻上，号阮亭，人称王渔洋，新城（今山东
桓台县）人，官至刑部尚书。

夏子阳在本次的《使琉球录》中记载说：

> 颁赐国王冠服等物，纱帽一顶（展角全）、金厢犀束带一条、常服罗
> 一套、大红织金胸背麒麟圆领一件、青褡一件、绿贴里一件、皮弁冠一
> 副、七旒皁绉纱皮弁冠一顶（旒珠金事件全），玉圭一枝（袋全）、五章
> 绢地纱皮弁服一套、大红素皮弁服一件、素白中单一件、纁色素前后裳
> 一件、纁色素蔽膝一件（玉钩全）、纁色妆花锦绶一件（金钩玉玎珰
> 全）、红白素大带一条、大红素纻丝舄一双（袜全）、丹矾红平罗销金夹
> 包袱四条，纻丝二匹（黑绿花一匹、深青素一匹）、罗二匹（黑绿一匹、
> 青素一匹）、白氁丝布十四。

妃，纻丝二匹（黑绿花一匹、深青素一匹）、罗二匹（黑绿一匹、青素一匹）、白毡丝布十匹。

可见，明朝的赏赐制度比较稳定，几乎没有什么大变化。下面看清朝的例子。

四、汪楫使团

汪楫（1626—1689），字汝舟（一说舟次），号悔斋，安徽休宁人，寓居仪征（今属江苏）。康熙二十二年（1683）作为琉球册封使正使，与副使林麟焻（字石来，号玉岩，福建莆田人）一起衔命出访。对于汪楫的本次出使，共事同僚、同乡亲友、沿途名士写了至少有 42 首诗文以示践行和赞许①，可见朝野上下对本次出使的重视程度。

本次册封使留有多部与琉球相关的文集，如《疏抄康熙二十二年封王尚贞移文》等，而作为正式的出使日记，名曰《使琉球杂录》，其中对赏赐做如下记载：

颁赐国王：蟒缎二匹、青彩缎三匹、蓝彩缎三匹、蓝素缎三匹、闪缎二匹、衣素缎二匹、锦三匹、纱四匹、罗四匹、绸四匹。

颁赐王妃：青彩缎二匹、蓝彩缎二匹、妆缎一匹、蓝素缎二匹、闪缎一匹、衣素缎二匹、锦二匹、纱四匹、罗四匹。

如与明朝的颁赐相比，清朝则大为简化，不仅没有了衣冠，而且织物无论在品种还是数量上都减去不少，可见，清政府一改明朝"薄来厚往"的"面子工程"，在外交上更趋向于实效。那么，这到底是常态呢，还是特例？再来看两例。

五、徐葆光使团

徐葆光（1671—1740），字亮直，号澄斋，江苏长洲（今属苏州）人。康

---

① 吴永宁、方宝川：《册封琉球使汪楫相关诗文考》，见陈硕炫、徐斌、谢必震主编：《顺风相送：中琉历史与文化——第十三届中琉历史关系国际学术会议论文集》，海洋出版社 2013 年版。

熙五十一年（1712）进士，康熙五十七年（1718）任册封琉球副使，翌年六月抵琉球，并于康熙五十九年（1720）二月始返。著有《中山传信录》六卷，影响甚大。另有《海舶三集》三卷。

对国王、王妃的颁赐记录在《中山传信录》卷二，具体如下：

> 颁赐国王：蟒缎二匹、青彩缎三匹、蓝彩缎三匹、蓝素缎三匹、闪缎二匹、衣素缎二匹、锦三匹、纱四匹、罗四匹、绸四匹。

> 颁赐王妃：青彩缎二匹、蓝彩缎二匹、妆缎一匹、蓝素缎二匹、闪缎一匹、衣素缎二匹、锦二匹、纱四匹、罗四匹。

可见，与汪楫使团的颁赐内容完全一样。再来看全魁使团的情况。

六、全魁使团

全魁（？—1791），满洲人。乾隆二十一年（1756）被任命为琉球册封正使，以周煌为副使同行，著有《乘槎集》。全魁善诗文，其中有 19 首被收录于铁保（1752—1864）编辑的《熙朝雅颂集》卷七十九。

周煌（1714—1784），字景恒，号海山，四川涪州（今属重庆）人，乾隆二年（1737）进士，以编修受命为册封副使出使琉球，有诗纪事。周煌在自己所见所闻的基础上，结合参考前人诸录及百家诸史，撰成《琉球国志略》十六卷①，另有《海山存稿》二十卷，其中卷一为奉使琉球专集，凡录诗一百二十九首。又有《海东集》两卷。全、周合著的《琉球国志略》中，对颁赐做如下记载：

> 颁赐国王：蟒缎二匹、青彩缎三匹、蓝彩缎三匹、蓝素缎三匹、闪缎二匹、衣素缎二匹、锦三匹、纱四匹、罗四匹、绸四匹。

> 王妃：妆缎一匹、青彩缎二匹、蓝彩缎二匹、蓝素缎二匹、闪缎一匹、衣素缎二匹、锦二匹、纱四匹、罗四匹。

显然，与前两者一模一样。换言之，明清两朝相比，尽管清朝也在衣冠

---

① 郑小娟：《〈琉球国志略〉文献价值刍议》，载《福建教育学院学报》，2003 年第 7 期。

制度上有严格规章，但主要限于国内，对藩属国基本没有要求，所以琉球也好、朝鲜也罢，即使到了清朝，基本执行的还是大明服制。而从赏赐的规格来看也很明显，清朝要比明朝简略很多。因此，我们可以认为，仅从服饰文化的对外影响程度来看，清朝要小于明朝。当然，这不是清朝单方面所造成的，而是内外因素联合作用的结果，例如外藩对清朝衣冠制度的抵触也不容忽视。

第三节 册封使笔下的琉球服饰文化

明清琉球册封使抵达琉球后，一般要滞留几个月甚至更长，完成使命之后的业余时间基本用于文化交流和实地考察，其中不乏对服饰文化的记载。

一、物产与衣料

陈侃在《使琉球录》的"衣服门"中，记载了琉球王国的主要穿戴用品，如下：

> 缎、纱、罗、绸、绢、布、靴、袜、鞋、帽、纱帽、带、网巾、圆领、衣服、彩缎、棉布、夏布、竹布、葛布、官绢、改机、倭绢、西洋布。①

值得注意的是倭绢和西洋布。琉球历来被称为"万国津梁"，是东亚与东南亚甚至南亚地区之间贸易的中转站，所以这里的"西洋布"很有可能来自东南亚。

福建长乐人谢杰在《琉球录撮要补遗》（琐言附）中，也对琉球的"衣服门"有过记载：

> 缎、纱、罗、绸、绢、布、棉布、夏布、纻布、葛布、彩缎、改机、官绢、倭绢、西洋布、靴、袜、鞋、帽、纱帽、带、网巾、员领、衣服、

---

① 陈侃：《〈使琉球录〉译注本》，袁家冬译注，中国文史出版社2016年版，第84页。

衫、裙、裤。

《浮生六记》的作者沈复有幸于嘉庆十二年（1807）随从册封正使齐鲲、副使费锡章一起赴琉球，共同完成册封琉球新王的任务。沈复将他自己出访琉球的经历命名为《中山记历》，作为《浮生六记》中的第五记。在本记中，对琉球的布料、制法、染织多有记载，详见如下：

> 布之原料与制布之法，亦有与中国异者。一曰蕉布，米色，宽一尺，乃芭蕉沤抽其丝织成，轻密如罗。一曰苎布，白而细，宽尺二寸，可敌棉布。一曰丝布，折而棉软，苎经而丝纬，品之最尚者。《汉书》所谓蕉、筒、荃、葛，即此类也。一曰麻布，米色而粗，品最下矣。国人善印花，花样不一，皆剪纸为范。加范于布，涂灰焉。灰干去范，乃着色。干而浣之，灰去而花出，愈浣而愈鲜，衣敝而色不退。此必别有制法，秘不与人。故东洋花布，特重于闽也。①

沈复提到琉球的面料主要有蕉布、苎布、丝布、麻布之属，其中最上等的为丝布。其次是琉球的印染技术，虽然有比较详细的记载，但沈复认为其中还有秘方，可惜琉球人秘不示人。这种用特殊技术染制而成的布料，在福建一带被称为"东洋花布"，非常受人欢迎。

潘相也在《琉球入学见闻录》的"土音"即琉球方言中，记载了"衣服类"，主要有：

> 衣服、帽、带、裤子、手巾、被、帐子、毡、枕、褥子、袜、靴子、鞋、笠、汗衫、绸、缎、纱、罗、布、棉衣、裙。②

此外，"货之属"中，对琉球的布料有详细记载，内容如下：

> 丝：粗黑。乾隆二十八年（1763），国王奏："求于内地，照旧配买

---

① 沈复：《浮生六记》（新增补），人民文学出版社 2010 年版，第 109 页。
② 潘相：《琉球入学见闻录》，应国斌点校，方志出版社 2017 年版，第 116 页。

丝筋。"礼部援例驳奏，奉旨："特加恩，许其买丝。"

面：少出，价极贵。

绸：土绸、茧绸。

棉布

丝布：丝经、麻纬，一名罗布。

蕉布：缕芭蕉皮，为丝织之。

麻布：各布皆花纹相间，綦组斓斒，亦用五色染之。①

以上几条文献中，都提到了棉布，其实这并不是琉球王国的特产，主要来自中国。夏子阳在《使琉球录》也提到：

然所同好者，惟铁器、棉布。盖地不产铁，炊爨多用螺壳。土不植棉，织纴惟事麻缕。此二者，必资中国。

琉球人最喜欢铁器和棉布。喜欢铁器是因为琉球不产铁，所以烹饪大多用螺壳。而本国不种植棉花，纺织品基本用麻。

二、冠服制度

关于琉球王国的冠服，徐葆光的《中山传信录》卷五中有详细记载，他说：

国王：侧翅乌纱帽，盘金朱缨，龙头金簪。蟒袍，带用犀角、白玉，皆如前明赐衣制。王妃：凤头金簪。

宫人：亦分为五等，约百人。命妇，头簪皆视其夫品秩。正一品以下：帽八等、簪四等、带四等。具列如左：

正、从一品：金簪，彩织缎帽，锦带，绿色袍。

正、从二品：正二品金簪、从二品金花银柱簪，紫绫帽（有功者，赐彩织缎帽），龙蟠黄带（有功者，赐锦带），深青色袍（下至八、九品，朝服皆同）。

---

① 潘相：《琉球入学见闻录》，应国斌点校，方志出版社 2017 年版，第 91—92 页。

正、从三品：银簪，黄绫帽，龙蟠黄带。

正、从四品：簪、帽、袍同三品，龙蟠红带。

正、从五品：簪、帽、袍同三品，杂色花带。

正、从六七品：簪、袍同三品，黄绢帽，带同五品。

正、从八九品：簪、袍同三品，大红绉纱帽，带同五品。

杂职：簪、袍同三品，红绢帽，带同五品。

里、保长：铜簪，蓝袍，红布帽或绿布帽。

荫、官生：簪、帽、服、带俱同八品。

外有青布帽，百姓头目戴之。

凡官员外衣，长过身；大带束之腰间，提起三、四寸。令宽博，以便怀纳诸物——纸夹、烟袋皆自贮胸次，以时取用。大僚、幼童，无不皆尔。贱役执事，则反结其袖于脊上。幼童，衣袖胁下令穿露三、四寸许。年长，剃顶中发，即缝属之。僧衣，两胁下皆穿。其他皆连袵，无隙漏处。首里人衣，年小者皆用大红为里，外五色绸锦。亦反覆两面着之。官员，绸缎作衣，诸色不禁。每制一衣，须大缎三丈五、六尺，其费殆倍于中国云。

可见，从国王到官生，对簪、袍、帽、带的材质、颜色都有严格区分，如金簪可使用的人限于国王、王妃、正从一品、正从二品，三品到九品包括杂职、官生用银簪，里、保长只能用铜簪。官帽从国王的乌纱帽到官员的彩织缎帽、紫绫帽、黄绫帽、黄绢帽、大红绉纱帽、红绢帽、红布帽或绿布帽等不同，材质从缎、绫、绢、纱、布逐步降低，颜色从彩色经由紫、黄到红火绿。腰带，以国王的犀角、白玉为最高等级，依次降为锦带、龙蟠黄带、龙蟠红带、杂色花带。官袍来看，国王用蟒袍，再由一品官的绿色袍逐步降为深青色袍。显然，琉球王国的服饰文化中，以紫为贵，以红绿为贱。

三、民服

陈侃在《使琉球录》的"风俗"中，对民服有记载：

（男子）俱以色布缠其首，黄者贵、红者次之、青丝者又次之，白斯下矣。妇人上衣之外，更用幅如帷，蒙之背上。见人则以手下之而蔽其面。下裳如裙而倍其幅，褶细而制长，覆其足也。①

男子的头巾以黄、红、青、白依次分等级，妇人的服装上下分开，即上衣下裳，裳很长，足以盖住脚。

夏子阳在《使琉球录》中，却做如下记载：

> 俗尚白，男女衣俱纯素，间有男子服青者，则以治事于公者也。内衣短狭，袖仅容肘。外衣宽博，制类道士服。卑下者，则以两袖翻结背中。贵人腰束文锦大带，价可三、四金。贱者，惟束布而已。
>
> 妇人至今，犹以墨黥手为花草文。髻肖总角儿，绝无簪珥、粉黛饰。足着草屦，与男子无异。衣亦似道服，出见华人，挈领覆顶至眉，复引襟为便面，止露两目。下裳褶细而制长，使可覆足。名族之妻，出皆侧坐马上，以数尺白布巾蒙其首，随以女仆三、四人。无罗纹、织皮、毛衣、螺贝之饰。

文中提到的"俗尚白"，在其他使琉球录中并不多见。在夏子阳看来，琉球男女服装都类似道服。当妇女见到中国人时，要把衣领竖起来，并用衣襟挡住脸庞，只露出两只眼睛，这可能是为了表示尊重。贵妇人外出时，要以白布蒙其头，以免被人看清脸部。

谢杰在《琉球录撮要补遗》的"国俗"中，也对服饰做了记载：

> 女力织作，男子反坐而食之。耕不用粪，衣不用染。王宫外，间阎服色八千为群，皆缟素可厌。土无木棉，隆冬亦衣苧。苧较闽加密者，用以御寒故也。富且贵者，或衣绵丝。贫子衣苧五、六重，即过一冬。我众十月西归，身犹衣葛，由气候之暖也。
>
> 衣则宽博广袖，制如道士服。腰束大带，亦以色布。稍贵者缠文锦，价可三、五金。凡屋，地多铺板、簟，洁不容尘。故无贵贱，皆着草屦。入室，则脱。古人有屦满户者，殆此也。唯谒见使臣，始具冠屦。往往

---

① 陈侃：《〈使琉球录〉译注本》，袁家冬译注，中国文史出版社2016年版，第53页。

若束缚之，甚苦。然顷年读书号秀才者，亦带中国方素巾，足不草履而以鞋，整整乎入华风矣。

妇人上衣之外，更用幅如帷，周蒙背上。见人，以手升之为便面。下裳褶细而制长，乃欲覆足，不令显耳。名族大姓之妻，出入戴箬笠，坐马上，女仆三、四从之。无罗纹布帽、织斗镂皮毛衣、螺贝之饰。

根据上文记载，琉球妇女勤劳，负责织布耕田，男人则坐食。衣服不染，以素色为主。因无木棉，所以一般百姓即使隆冬也穿苎麻做的衣裳。由于琉球气候温暖，十月份还只穿葛布之服。无论贵贱，在外男女皆穿草履，室内赤脚。而见到中国使臣的时候，要衣冠整齐，显得非常受束缚。秀才也戴中国式的方巾，穿鞋，颇具中国风味。谢杰提到贵妇人外出时，用箬笠遮挡，这与上述的白布遮脸略有不同。

沈复在《浮生六记》的《中山记历》中，对琉球的服饰文化亦有如下记载：

衣制皆宽博交衽，袖广二尺，口皆不缉，特短袂，以便作事。襟率无钮带，总名衾。男束大带，长丈六尺、宽四寸以为度，腰围四五转，而收其垂于两胁间，烟包、纸袋、小刀、梳、篦之属，皆怀之，故胸前襟带搊起凹然。其胁下不缝者，惟幼童及僧衣为然。僧别有短衣如背心，谓之断俗，此其概也。帽以薄木片为骨，叠帕而蒙之，前七层，后十一层。花锦帽远望如屋漏痕者，品最贵，惟摄政王叔、国相得冠之；次品花紫帽，法司冠之；其次则纯紫。大略紫为贵，黄次之，红又次之，青绿斯下。[①]

沈复在上文中提到了一般民众的服饰，还有和尚的僧服。此外还有各式的帽子以及颜色等。

四、特殊服饰

这里所谓的特殊服饰，主要指特殊职业、特殊时候穿着的服装。试以举

---

① 沈复：《浮生六记》（新增补），人民文学出版社 2010 年版，第 115 页。

两例来进行说明。

（一）土妓服

关于土妓、红衣女的记载，在一般册封使撰写的正式报告中是难以见到的，但作为随从赴琉球的沈复为我们了解琉球的这方面风俗留下了珍贵的资料。他在第五记的《中山记历》中有如下记载：

> 女子愿为土妓者亦听接交外客，女之兄弟仍与外客叙亲往来，然率皆贫民，故不以为耻。若已嫁夫而复敢犯奸者，许女之父兄自杀之，不以告王。即告王，王亦不赦。此国中良贱之大防，所以重廉耻也。此邦有红衣妓，与之言不解，按拍清歌，皆方言也。然风韵亦正有佳者，殆不减憨园。①

顾名思义，"红衣妓"应该是身着红衣的土妓，虽然沈复并没有进一步解释，但从其"风韵亦正有佳者，殆不减憨园"可知，沈复对她们其中的一些人评价不低。憨园者，即在《浮生六记》中提到的一位妓女，是沈复的夫人芸娘为他精挑细选的妾侍候选人。

而其他使琉球录中也未见片言只语。然而在潘相的《琉球入学见闻录》中，意外留下极其简单的描述：

> 土妓，即琉球妓女，她们"多衣红衫，俗呼红衣人。良家妇女行路上，手持尺布以自别"②。

显然，一般民女是不穿红衣的，为了和土妓区别，良家妇女外出时都要手拿尺布以示自己的身份。

（二）丧服

陈侃在《使琉球录》中有记载：

> 越既望，行祭王礼。先迎至庙，俟设定后，用龙亭迎谕祭文，予等

---

① 沈复：《浮生六记》（新增补），人民文学出版社 2010 年版，第 120 页。
② 潘相：《琉球入学见闻录》，应国斌点校，方志出版社 2017 年版，第 110 页。

随行。将至庙，世子素衣黑带候于门外，戚乎其容，俨然若在忧服之中。①

上述记载的是祭奠先王的时候，世子穿戴素衣黑带的丧服，偕同册封使一同进行。

夏子阳在《使琉球录》中也提到了祭奠先王的丧服，但他只说"世子具素服，众官亦具素服，跪于道左"，没有提到黑带。

第四节　结语

徐继畬（1795—1873）在《瀛寰志略》卷一的《琉球传》中，对琉球的服饰文化有如下记载：

> 地无麻絮，以蕉为布，类织蒲，负戴者围下体，余皆裸露。海风最烈，屋瓦常飞，故购屋甚卑，檐与肩齐，王居与使馆较轩昂，以大绳系柱而钉于地，防海风也。其士大夫以黄帛为冠，似浮屠氏之冠。大领博袖，系带。②

从上述徐继畬对琉球人的装扮描述可以知道，即使到了19世纪中后期，大多数中国知识分子对琉球的认知仍然处于比较低的水平，依然存在浓厚的传说、猎奇成分。但"以蕉为布，类织蒲"的记载还是基本符合琉球国情的，这从另一侧面也佐证了琉球的土蕉布确实驰名中国。

以上文的分析可知，明清时期由中国流向琉球的服饰、布料主要通过朝廷赏赐、官生廪给、朝贡贸易等方式，而琉球传至我国的纺织品则主要通过朝贡手段，主要品种为土蕉布。到了清代，有较多的琉球漂流船携带土蕉布在我沿海靠岸，这也成为当时中琉服饰文化交流的一种特殊方式。

---

① 陈侃：《〈使琉球录〉译注本》，袁家冬译注，中国文史出版社2016年版，第25页。

② 徐继畬：《瀛寰志略》，上海书店出版社2001年版，第17页。

至于明清中国人的琉球服饰文化认知问题，虽然有大量记载琉球的书籍问世，但大都只是相互沿袭，知识点并没有刷新。值得重视的是明清时期琉球册封使撰写的出使报告基本以史实为依据，是在他们所见所闻的基础之上编辑而成，这些报告为我们正确了解琉球的服饰文化提供了重要史料。

第八章

图像与琉球服饰文化

明清时期的很多史料以图文并茂的方式介绍了琉球的服饰文化，主要分为三类。第一类是明代出版的各种类书，数量也是最多的；第二类是各种介绍国外逸闻趣事的文集；第三类是琉球册封使的出使报告。前两类文献中的琉球图像因作者本人并未实地到过琉球或见过琉球人，所以笔者将其称为想象的琉球人或"琉球人的虚像"，而使琉球录中的琉球人图像应是作者本人实地采访得来，所以可称为"琉球人的实像"。本章拟通过琉球人的虚像与实像的对比考察，论述琉球王国的服饰文化，也探讨明清时期中国人的琉球服饰观。

第一节　琉球人的实像

这里所谓的"实像"，笔者再次要强调的是作者必须确实见过琉球人，甚至和琉球人有过接触、交流，之后留下的画像。目前主要是两类文献，一是明清册封使留下的琉球出使报告，二是曾担任琉球官生教习之职的人士留下的文献，本章使用的是潘相的《琉球入学见闻录》。

就使琉球录而言，明代时期留存的共有五种，即陈侃的《使琉球录》、郭汝霖的《重编使琉球录》、萧崇业的《使琉球录》、夏子阳的《使琉球录》以及胡靖的《琉球记》。此外，册封副使或随员也留有多部相关的著作，如陈侃的副使高澄著有《操舟记》、萧崇业的副使谢杰著有《琉球录撮要补遗》、杜三策的副使著有《中山诗草》等。但遗憾的是，这些著作几乎没有留下有关琉球服饰文化的图像。

从康熙二年（1663）到同治五年（1866），清廷共派遣了八次琉球册封使，留下的册封报告以及与之相关的著述主要有张学礼的《使琉球记》《中山纪略》，汪楫的《使琉球杂录》《中山沿革志》《册封琉球疏抄》，徐葆光的《中山传信录》《游山南记》，周煌的《琉球国志略》，赵文楷的《槎上存稿》，李鼎元的《使琉球记》，齐鲲、费锡章合著的《续琉球国志》，齐鲲的《东瀛百咏》，黄景福的《中山见闻辨异》，沈复的《册封琉球国记略》，赵新的《续琉球国志略》等。其中，徐葆光的《中山传信录》留存的图像最多，对我们讨论琉球服饰文化大有益处。

一、《中山传信录》

《中山传信录》中的插图涉及人物有琉球国王、国王随从、赶集妇女、轿夫、射箭人、纺织妇女等。因所有图片皆有黑白，所以颜色无从判断。

从图 8 − 1《中山王图》可见，国王"侧翅乌纱帽，盘金朱缨，龙头金簪。蟒袍，带用犀角、白玉，皆如前明赐衣制"。

图 8 − 1　中山王图（徐葆光《中山传信录》卷二）

对于国王的乌纱帽，徐葆光在卷五"王帽"中有说明，他说："国王乌纱帽双翅侧冲，上向。盘金朱缨，结垂领下三、四寸许。盖前所赐旧制也。云有皮弁为朝祭之服，而未之见。"（见图 8 − 2）国王平时也"裹五色锦帽"①。

---

① 潘相：《琉球入学见闻录》，应国斌点校，方志出版社 2017 年版，第 98 页。

第八章

图像与琉球服饰文化

　　明清时期的很多史料以图文并茂的方式介绍了琉球的服饰文化，主要分为三类。第一类是明代出版的各种类书，数量也是最多的；第二类是各种介绍国外逸闻趣事的文集；第三类是琉球册封使的出使报告。前两类文献中的琉球图像因作者本人并未实地到过琉球或见过琉球人，所以笔者将其称为想象的琉球人或"琉球人的虚像"，而使琉球录中的琉球人图像应是作者本人实地采访得来，所以可称为"琉球人的实像"。本章拟通过琉球人的虚像与实像的对比考察，论述琉球王国的服饰文化，也探讨明清时期中国人的琉球服饰观。

第一节　琉球人的实像

　　这里所谓的"实像"，笔者再次要强调的是作者必须确实见过琉球人，甚至和琉球人有过接触、交流，之后留下的画像。目前主要是两类文献，一是明清册封使留下的琉球出使报告，二是曾担任琉球官生教习之职的人士留下的文献，本章使用的是潘相的《琉球入学见闻录》。

　　就使琉球录而言，明代时期留存的共有五种，即陈侃的《使琉球录》、郭汝霖的《重编使琉球录》、萧崇业的《使琉球录》、夏子阳的《使琉球录》以及胡靖的《琉球记》。此外，册封副使或随员也留有多部相关的著作，如陈侃的副使高澄著有《操舟记》、萧崇业的副使谢杰著有《琉球录撮要补遗》、杜三策的副使著有《中山诗草》等。但遗憾的是，这些著作几乎没有留下有关琉球服饰文化的图像。

　　从康熙二年（1663）到同治五年（1866），清廷共派遣了八次琉球册封使，留下的册封报告以及与之相关的著述主要有张学礼的《使琉球记》《中山纪略》，汪楫的《使琉球杂录》《中山沿革志》《册封琉球疏抄》，徐葆光的《中山传信录》《游山南记》，周煌的《琉球国志略》，赵文楷的《槎上存稿》，李鼎元的《使琉球记》，齐鲲、费锡章合著的《续琉球国志》，齐鲲的《东瀛百咏》，黄景福的《中山见闻辨异》，沈复的《册封琉球国记略》，赵新的《续琉球国志略》等。其中，徐葆光的《中山传信录》留存的图像最多，对我们讨论琉球服饰文化大有益处。

一、《中山传信录》

《中山传信录》中的插图涉及人物有琉球国王、国王随从、赶集妇女、轿夫、射箭人、纺织妇女等。因所有图片皆有黑白，所以颜色无从判断。

从图 8-1《中山王图》可见，国王"侧翅乌纱帽，盘金朱缨，龙头金簪。蟒袍，带用犀角、白玉，皆如前明赐衣制"。

图 8-1 中山王图（徐葆光《中山传信录》卷二）

对于国王的乌纱帽，徐葆光在卷五"王帽"中有说明，他说："国王乌纱帽双翅侧冲，上向。盘金朱缨，结垂领下三、四寸许。盖前所赐旧制也。云有皮弁为朝祭之服，而未之见。"（见图 8-2）国王平时也"裹五色锦帽"①。

---

① 潘相：《琉球入学见闻录》，应国斌点校，方志出版社 2017 年版，第 98 页。

　　这里所谓的"前所赐旧制"就是指明朝册封时赏赐的衣冠。可见，即使到了清朝，琉球王的服饰还是保持了明朝的风格。潘相曾说过："至其衣冠、簪缨，亦迥异卉服之旧。我朝朝会大典，诸属国许各服其服，故王会有图服装各别，懿乎铄哉！"①

图8-2　王帽图（《中山传信录》卷五）

再来看赶集的妇女（见图8-3）。全部束发盘髻，戴簪，上衣花色，右

图8-3　女集图（《中山传信录》卷六）

---

① 潘相：《琉球入学见闻录》，应国斌点校，方志出版社2017年版，第94页。

襟，腰部束带，其中四人头顶物品。与国王的随从相比，着装上还是有明显区别，即上衣下裳。

从图8-4可知，集市主要的商品是鱼虾、番薯、豆腐、木器、瓷碟、陶器、木梳、草鞯等粗下之物，并没有布匹，偶见有妇女的装饰品。官宦人家一般不赶这种集市，可见它是庶民自发形成的一种散市。

图8-4　女集（《中山传信录》卷六）

"织具"中的织女装扮也基本类似上述赶集妇女，不过值得注意的是织布机。徐葆光解释说："机形坐处窄，外宽，高一尺五六寸，低着脚仅三四寸许。机前立竹竿一，下垂，引扣下上。梭长四寸余，如皂角形。器用轻小，席地为便。家家有之，缕蕉丝杂纫织之。"（见图8-5）从这织布机的形状及其性能，我们大致可以了解当时琉球王国的纺织技术还处于非常原始的阶段，主要用于纺织蕉布。

关于织布，徐葆光说："本国惟蕉布，则家家有机，无女不能织者。出首里者，文采尤佳。自用，不以交易也。"也就是说，织布是琉球妇女必学的家政之一，每家都有织布机，织的布主要是蕉布，用于自给，不交易。所以集市上也看不见蕉布的交易。

关于琉球妇人服饰，徐葆光总结过，他说："女人外衣与男无别，襟皆无带，名之曰衾。披身上，左右手曳襟以行。前《使录》云男妇皆无里衣。今

图8-5 织具（徐葆光《中山传信录》卷六）

贵官里衣，亦有如中国者。女衣，贵家衣襟上，即本色绸纱作鳞比五层状。男衣，无是。女比甲背后下垂处，或作燕尾形。寝衣，比身加长其半。有袖及领，厚絮拥之。国人呼衣曰衾，此则衾又如衣也。"

那么，一般男子的衣着情况又是如何？我们可以从如图8-6所示的轿夫、图8-7所示射箭人大致判断。男子同样束发，但不用簪子。宽袍，袖子有大有小，束腰带，跣足或穿木屐。也有戴帽者，如射箭人。

图8-6 轿图（《中山传信录》卷六）

图 8-7　射箭人（《中山传信录》卷六）

再来看腰带，如图 8-8 所示。根据徐葆光的记载，衣服的腰带大的长一丈四五尺，宽六七寸，杂花锦地为贵，大花锦带次之，龙蟠黄地、红地者又次之，最低档的为杂色花带。

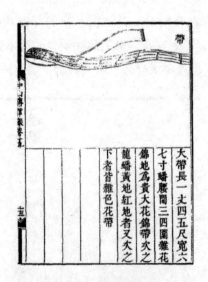

图 8-8　带（《中山传信录》卷五）

前面提到了琉球王的帽子，那么一般官民的帽子又是如何？徐葆光在《中山传信录》中也有交代（见图 8-9）。他说："帽，糊纸为骨。帕蒙之式，如僧毗卢帽，中空无顶，绢方幅覆髻之半，口互交。前檐着额处，鳞次七层；后檐十二层。彩织帽以下，紫最贵、黄次之、红又次之，中又以花素为等别，青、绿帽为下。"由于文化的不同，帽子的颜色也有很大区别，在中国即使社会地位再低下，也不会使用绿色帽子。还有一种青布帽，徐葆光谓之"百姓头目戴之。"

图 8 - 9 官民帽图（《中山传信录》卷五）

有关带、帽，徐葆光特意交代说："各色锦帽、锦带，本国皆无之，闽中店户另织布与之。"

发簪分长短两种，"短髻簪，长三、四寸许。已冠，去顶中发者簪之。花头圆柱，亦有方柱、六棱柱。金最贵、金头银柱次之，银又次之，铜为下"。而长簪则"长尺余，妇人、幼童大髻者簪之。亦以金银三品分贵贱。民家女簪皆以玕瑁"。可见，发簪的材质分为金、银、铜、玕瑁四种，一般民女用玕瑁簪（见图 8 - 10）。

再来看"片帽"和"笠"（见图 8 - 11）。"片帽，皆以黑色绢为之。漫顶，下檐作六棱，寒时家居帽。医官、乐工及执王宫茶灌之役，剃发如僧者

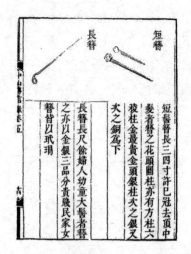

图 8-10　短簪、长簪（《中山传信录》卷五）

皆戴之。"可见，片帽的使用人群主要在医生、乐工、茶官及僧人，这些职工在琉球王国应属于中等以上职业人群，非一般庶民能戴用，况且它的材质主要是绢丝，戴起来舒适保温，所以也可用作冬天家居的帽子。

笠，即遮阳挡雨的帽子，"多以麦茎为之，亦有皮笠，外加黑漆而朱其里"。

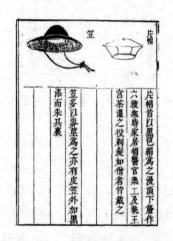

图 8-11　《中山传信录》卷五

而袜子则"或布或革，短及踝以上。向外，中线开口交系之。近足指处，别作一窦柄，将指以着草靸中"。可见这种所谓的袜子就是类似于日本人穿的"足袋"（见图 8-12）。

至于"靸","以细席草编成。前有一绳,界大指之间,踵曳以行。男女皆着之",实际上就是用细席草编织而成的草鞋,男女皆用。

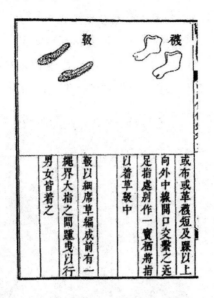

图8-12 袜、靸(《中山传信录》卷五)

对于衣服,徐葆光也有详细说明(见图8-13)。他说:"衣皆宽博无后,交衽。袖大二三尺,长不过手指。右襟,末作缺势,无衣带。多以蕉布、蕉葛为之,綦文间采。男女衣皆同呼之曰衾。"

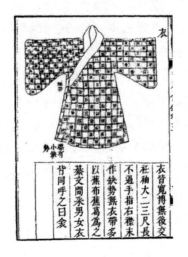

图8-13 衣(《中山传信录》卷五)

二、《琉球入学见闻录》

潘相（1713—1790），湖南安乡人。在京师任国子监教习期间，与琉球国王派遣的郑孝德、蔡世昌同居四年，对琉球有了深刻的理解。在参阅大量册封使撰写的使琉球录基础上，又参考了琉球学者程顺则的著述，最终于乾隆二十九年（1764）辑成《琉球入学见闻录》四卷（见图8-14）。

图8-14 潘相《琉球入学见闻录》（汲古阁藏板，早稻田大学图书馆藏）

其中的插图《传经图》（见图8-15）描绘的是潘相教授琉球官生的一个场面。这幅《传经图》共有人物11人，其中8位标有姓名的是琉球人，分别是郑孝德（官生）、梁允治（官生）、蔡世昌（官生）、金型（官生），其余四位依次是上述四位官生的书童，分别为大福岭、哈立、岛福、由无已。另三位清朝人，两名应是国子监教习，其中一人为潘相，潘相身后为其助手。由于绘图者潘相与琉球人之间有着长期的交流接触，对对方有比较深的了解，所以与明代的文献不同，不仅摒弃了猎奇、丑化与虚幻之心态，除服饰保持明风之外，琉球人的容貌与中国人也并无大别。因此，这幅画也是中国古代文献中描绘琉球人像最有可信度的史料之一，为正确了解琉球的服饰文化提供了重要参考。

图 8-15　《传经图》

第二节　琉球人的虚像

上述的男女形象为我们了解琉球的服饰文化提供了可视窗口。其实，在明代的书籍中，还有众多琉球人的图像，而作者几乎都未曾到访过琉球。由于图像较多，为了便于叙述，笔者将它们归纳为三类：

一、形象趋向正面

此类主要有《新刻赢虫录》《异域图志》《三才图会》，详见如下：

周致中的《赢虫录》因笔者没有经眼，不敢妄议。但是，万历二十一年（1593），著名刻书家、仁和（今杭州）人胡文焕曾刊刻过《新刻赢虫录》三卷，收录国家和地区 120 个，附图 120 幅，每卷收录皆为 40 国，前九个国家（地区）分别为"君子国、高丽国、扶桑国、日本国、大琉球国、小琉球国、女真国、暹罗国、匈奴"。其中序文有言："《赢虫》一书其传已久，剞劂者纷纷，然多差讹舛错，于远览者故无当也。是集大蒐诸刻，严为校正，颇是详悉。"① 可见,《新刻赢虫录》并非胡文焕所撰,祖本应还仍是周致中的《赢虫录》。只因以往的刻本舛误较多,胡氏蒐集多种版本严校而成。从收录的国家和地区名字、数量来看,《新刻赢虫录》《异域志》《异域图志》都不相同,具体比较分析因限于篇幅,将另做研究。就大琉球国的人物图像而言,也有些变化。

《异域图志》目前成为天下孤本,藏于英国剑桥大学图书馆,是 19 世纪英国汉学家威妥玛(1818—1895)在中国辗转得到的。该书曾是清代著名学者、南昌人彭元瑞(字芸楣)的旧藏。《异域图志》的撰者不详,有研究指出它出自宁献王朱权之手。② 一卷,含 171 图,其中异域禽兽图 14 幅,有目无文 31 国名,共计 188 国。笔者初步推断,宁王朱权的《异域志》与《异域图志》应为一书的文字卷与图像卷,也即后者实为前者的配图,犹如后面提到的《东夷图说》,既有图说又有图像。

《三才图会》又名《三才图说》,是由明代王圻及其第三子王思义共同编纂而成的百科式图录类书,共 106 卷,早期版本为明万历三十七年(1609)的"男思义校正本"③。按照"天地人"三才的整体格局,分为十四类,即天文、地理、人物、时令、宫室、器用、身体、文史、人事、仪器、珍宝、衣服、鸟兽、草木,特点是图文互证。④ 大小琉球国收录在"人物"第十三卷中。

有研究表明,《三才图会》"人物卷"中收录的 156 个国家人物,很有可能是参考了明宁献王朱权的《异域图志》。⑤《异域图志》的作者究竟是不是朱权暂且不论,但从大小琉球的人物图像及其说明文来看,上述推断应属无疑。

总之,上述三本著述中的琉球人髡发跣足,花衣束带,宽袖宽摆,但总的来说还算正面(见图 8 – 16 至图 8 – 18)。

---

① 胡文焕等辑:《新刻赢虫录》"赢虫录序",学苑出版社 2001 年版。
② 臧运锋:《〈三才图会〉域外知识文献来源考——以〈地理卷〉和〈人物卷〉为考察中心》,浙江大学硕士学位论文,2014 年。
③ 臧运锋:《〈三才图会〉域外知识文献来源考——以〈地理卷〉和〈人物卷〉为考察中心》,浙江大学硕士学位论文,2014 年。
④ 李承华:《〈三才图会〉"图文"叙事及视觉机构》,载《新美术》,2012 年。
⑤ 臧运锋:《〈三才图会〉域外知识文献来源考——以〈地理卷〉和〈人物卷〉为考察中心》,浙江大学硕士学位论文,2014 年。

图 8-16 《新刻赢虫录》中的琉球人

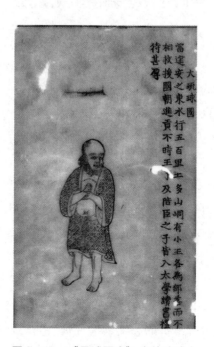

图 8-17 《异域图志》中的琉球人

图 8 – 18 《三才图会》中的琉球人

二、"类胡人"

认为琉球人长相类似胡人的主要有《东夷图像》。

《东夷图说》由万历丙戌年（1586）蔡汝贤编写，分为两卷（图像一卷、图说一卷），其中"东夷图总说"中提道：

> 盖闻明王慎德，四夷咸宾。子之图说，独详于东南夷，何也？贡由粤入职所掌也。朝鲜非由粤也，何首乎？密迩京邑，有礼义之遗风。亦海国也，琉球何以次朝鲜也？地不当中国一大郡，而奉职惟谨。夷而中国，则进之也。（后略）

文中提到，海国之中，不及中国一大郡的琉球为何仅次于朝鲜而优于安南？理由是琉球王国履行封贡的态度最为谨慎，同时积极学习中国文化，使自己不断进取。也许正是基于上述观点，蔡汝贤的琉球人像尤其表现出了儒雅开化的一面，不仅有别于凶残的日本人、"向化不终"的安南人，也与其他文献中的琉球图像存在很大差异。所以，琉球人像位于图像卷的第一位。

从图8-19所示的"琉球"的图说文中，可以发现基本沿袭以往史料，认为男的"去髭须，辑鸟羽为冠，装以珠玉、赤毛"，而妇女则"黥手为龙蛇文，撚白苎绳缠发，从顶后盘绕至额。以罗纹白布为帽，织斗镂皮并杂毛为衣。以螺为饰，下垂小贝"。人皆"深目高鼻"，形似胡人。从其服饰来看，宽袍宽袖，低胸圆领。因此，对照画卷中的实际人像，与文字的记载出入很大，几乎前后矛盾。当然，图说"琉球"中，也曾记载了部分新出史料，如埋葬风俗中的"王及诸臣家用匣，骨藏山穴，岁时祭扫，启视之"，信仰中的"信鬼畏神，国多女巫，淫亵矫诬，无论君臣，皆稽首拜跪"，"殿宇无金碧之饰，家富贵者瓦屋不过二三楹，余皆茅"，等等。

图8-19 《东夷图像》中的琉球人

值得注意的是蔡汝贤引用了琉球册封使的见闻记载，如"设官职，服衣冠，通文习礼，雅慕华风。日视三朝，群臣搓手膜拜为敬。凡官以曾学于国学者为之"，"私宴使臣，出宫庖、歌女"，"昔传壁下多聚髑髅为美观，妄也"。而万历七年（1579）的琉球册封使萧崇业曾经对蔡汝贤说："海外言尽臣职者，必曰中山王云。"

《四库全书总目提要》卷七十八、史部三十四对《东夷图说》的评价值得关注：

明蔡汝贤撰。汝贤字思齐，华亭人。隆庆戊辰进士。是编成於万历丙戌。所纪皆东南海中诸国，殊多传闻失实。如谓"琉球国人窅目深鼻，男去髭须，辑鸟羽为冠，装以珠玉赤毛"。今琉球贡使旅来，目所共睹，殊不如其所说。海西诸国，统称西洋，汝贤乃以西洋为国名，则更谬矣。至于《异闻》《续闻》，尤多荒诞不经。其图像悉以意杜撰，亦毫无所据。

一言以蔽之，蔡汝贤的《东夷图说》无论是图还是文，都不值得一信。笔者认为，这样的评价似乎过于苛刻。

三、异族气息较浓

这类图像主要载于明代各种类书，如《新锲全补天下四民利用便观五车拔锦》《新刻天下四民便览三台万用正宗》《鼎锓崇文阁汇纂士民万用正宗不求人全编》《新刻全补士民备览便用文林汇锦万书渊海》《新版全补天下便用文林妙锦万宝全书》《鼎锓龙头一览学海不求人》《新刻搜罗五车合并万宝全书》《新刻邺架新裁万宝全书》《新刊天下民家便用万锦全书》《新刻群书摘要士民便用一事不求人》《新锲燕台校正天下通行文林聚宝万卷星罗》《新刻人瑞堂订补全书备考》等，详细如下：

《新锲全补天下四民利用便观五车拔锦》33卷，不著撰人，徐三友校，万历二十五年（1597）书林闽建云斋刊本，共10册。大琉球国收录在卷之四的"诸夷门"，图像（见图8-20）的解说如下：

图8-20　《新锲全补天下四民利用便观五车拔锦》中的琉球人

　　大琉球国：当建安之来（东），水行五百里。多玉，山洞。有小石名为部像，而衣（不）相救援。国朝进贡不时，王子及陪臣之子皆入太学读书，礼待甚厚。

　　虽然引文舛误较多，但可知信息基本都来自《隋书》"流求国传"及其系列。

　　《新刻天下四民便览三台万用正宗》43 卷，明代余象斗编，万历二十七年（1599）余氏双峰堂刻本。全书共有标题 43 门，大小琉球国收录在第五卷的"诸夷门"，文字内容如下（见图 8 - 21）：

　　大琉球国：当建安之来（东），水行五百里王（至）。多山洞，有小王名为部像，而衣（不）相救援。国朝进贡不时，王子出陪臣子入太学读书，礼待甚厚。①

　　与《新锲全补天下四民利用便观五车拔锦》相比，无论是图还是文，大琉球国的形象几乎都没有变化。

　　《鼎锲崇文阁汇纂士民万用正宗不求人全编》35 卷，明代阳龙子编，万历三十五年（1607）潭阳余文台刊本。每卷 1 门，大琉球国收录在十三卷的"诸夷"中，而无论图像（见图 8 - 22）还是文字，与前几种史料记载几乎没有什么变化。详见如下：

　　当建安之来（东），水行五百里。国多山洞，有小石，名为部像，而不相救援矣。将国朝进贡不时，王子及陪臣之子皆入大学读书，礼待甚厚。②

　　《新刻全补士民备览便用文林汇锦万书渊海》共 37 卷，徐企隆编，万历三十八年（1610）积善堂杨钦斋刊本。分天文、地舆、人纪、官品、诸夷、

---

① 中国社会科学院历史研究所文化室编：《明代通俗日用类书集刊》（6），西南师范大学出版社 2011 年版，第 257 页。

② 中国社会科学院历史研究所文化室编：《明代通俗日用类书集刊》（8），西南师范大学出版社 2011 年版，第 464 页。

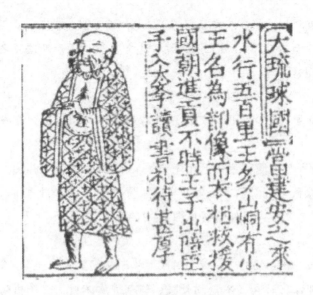

图 8 -21　《新刻天下四民便览三台万用正宗》中的琉球人

图 8 -22　《鼎镌崇文阁汇纂士民万用正宗不求人全编》中的琉球人

律例、云笺、启劄、民用、冠婚、丧祭、八谱、琴学、棋谱、书法、画谱、状式、星命、相法、医学、易卦、保婴、训童、劝谕、农桑、卫生、笑谈、酒令、演算法、诗对、妇人、武备、梦课、法病、仙术、风月、杂览等 37

门，每门一图。

"大琉球国"的图文内容如下（见图8-23）：

当建安之来（东），水行五百里。多（国），山洞有小石，名为部像，而不自相救援矣。国朝进贡不时，王子及陪臣之子皆入太学读书，礼行甚厚。①

图8-23 《新刻全补士民备览便用文林汇锦万书渊海》中的琉球人

《新版全补天下便用文林妙锦万宝全书》共计38卷，刘子明（字双松）编辑，万历四十年（1612）书林刘氏安正堂重刊本。该书以八音分类，有38门，每门一图。其中"诸夷门"的"外夷杂志"中有大琉球国人物图像一幅（见图8-24），并附以简单文字说明，内容如下：

---

① 中国社会科学院历史研究所文化室编：《明代通俗日用类书集刊》（10），西南师范大学出版社2011年版，第47—48页。

　　当建安之来（东），水行五百里，（国）多山洞，有小石，名为部像，而不自救援矣。国朝进贡不时，王子及陪臣之子皆入太学读书，礼待甚厚。①

图 8 - 24　　《新版全补天下便用文林妙锦万宝全书》中的琉球人

　　因同样与前面文献雷同，略去论述。

　　《鼎镌龙头一览学海不求人》原书 22 卷，现存 17 卷，作者不明，明刊本。因 1614 年刊刻的《新刻搜罗五车合并万宝全书》中引用了本书的内容，所以刊刻时间的下限为 1614 年。分为天文、地舆、诸夷、山海异物等 24 门类，图文并茂。

　　"西夷门"的"诸夷杂志"中有"琉球国"的人物图像和说明文（见图 8 - 25），全文如下：

　　本朝洪武中，其国分为三：曰中山王，曰山南王，曰山北王，皆遣使朝贡。永乐初，其国王皆受朝廷册封，自后惟中山来朝，至今不绝。

---

① 中国社会科学院历史研究所文化室编：《明代通俗日用类书集刊》（10），西南师范大学出版社 2011 年版，第 294 页。

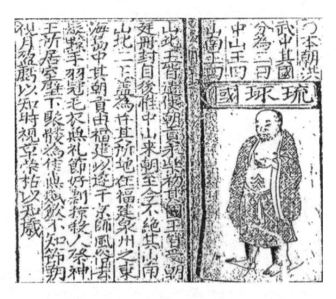

图 8 - 25 《鼎锲龙头一览学海不求人》中的琉球人

其山南、山北二王盖为并。其所地在福建泉州之东海岛中，其朝贡由福建以达于京师。风俗去发，黥手，羽冠毛衣，无礼节，好剽掠杀人，祭神。王所居室壁下聚骸为佳。无赋敛，不知节朔，视月盈亏以知时，视草荣枯以知岁。①

《新刻搜罗五车合并万宝全书》34 卷，万历四十二年（1614）闽建书林树德堂刊本，编者为明代的徐启龙。分天文、地舆、人纪、诸夷等 34 门。各卷标题不一致，琉球国收录在卷四《鼎锲龙头一览学海不求人》中。说明文如下（见图 8 - 26）：

本朝洪武中，其国分为三：曰中山王，曰山南王，曰山北王，皆遣使朝贡。永乐初，其国王皆受朝廷册封，自后惟中山来朝，至今不绝。其山南、山北二王盖为并。其所地在福建泉州之东海岛中，其朝贡由福建以达于京师。风俗：去发，黥手，羽冠毛衣。无礼节，好剽掠，杀人祭神。王所居室壁下聚骸为佳。无赋敛，不知节朔，视月盈亏以知时，

---

① 中国社会科学院历史研究所文化室编：《明代通俗日用类书集刊》（14），西南师范大学出版社 2011 年版，第 162 页。

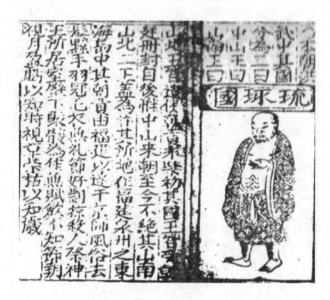

图 8-26　《新刻搜罗五车合并万宝全书》中的琉球人

视草荣枯以知岁。①

　　因琉球国的图文直接引用上述《鼎锲龙头一览学海不求人》一书,故略去不叙。

　　朱鼎臣编纂的《新刻邺架新裁万宝全书》现存 24 卷,明万历四十二年(1614)序潭邑书林对山熊氏刊本,因当时盗版猖獗,致使版本质量极其低劣。② 现存天文、地舆、人纪、诸夷、时令、官品、四礼、柬劄、民用、戏术、武备、茔葬、卜筮、笑谈、谜令、杂览、马经、翎毛、剋择、筭谱、耕布、星命、阳宅、祈嗣、种子等门类。

　　琉球国的说明及其琉球国人像在卷四的"诸夷杂志"中,图解文字如下(见图 8-27):

　　　　本朝洪武中,其国分为三:曰中山王,曰山南王,曰山北王,皆遣使朝贡。永乐初,其国王皆受朝廷册封,自后惟中山来朝,至今不绝。

① 中国社会科学院历史研究所文化室编:《明代通俗日用类书集刊》(12),西南师范大学出版社 2011 年版,第 217 页。
② 刘天振:《明代日用类书编辑艺术与民间知识传播》,载《中国科技史杂志》增刊,2011 年第 32 卷。

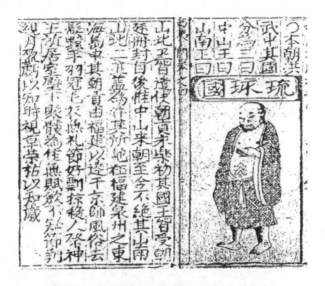

图 8 - 27   《新刻邺架新裁万宝全书》中的琉球人

其山南、山北二王盖为并。其所地在福建泉州之东海岛中，其朝贡由福建以达于京师。风俗去发，黥手，羽冠毛衣，无礼节，好剽掠杀人，祭神。王所居室壁下聚骸为佳。无赋敛，不知节朔，视月盈亏以知时，视草荣枯以知岁。①

因图文与上述《新刻搜罗五车合并万宝全书》相同，故略去不叙。

《新刊天下民家便用万锦全书》10 卷，作者不明，明万历年间刊本。十卷依次分为天文、地理、人纪、朝仪、诗对、牛马经、四礼、诸夷、民用、云笺，每卷又分上下两集。卷八"诸夷门"中有"大琉球"人物图像和较长的说明文，全文如下（见图 8 - 28）：

其地在福建泉州之东海岛中，其朝贡由福建以达于京师。古未详何国，汉魏以来不通中华。隋大业中令羽骑尉朱宽访求异俗，始至其国。言语不同，掠一人以返。后遣武贲良将陈稜率兵至其都，虏男女五千人还。唐宋时未尝朝贡，元遣使招谕之，不从。我朝洪武中，其国分为三：曰中山王，曰山南王，曰山北王，皆遣使朝贡。永乐初，其国王嗣位，

① 中国社会科学院历史研究所文化室编：《明代通俗日用类书集刊》（11），西南师范大学出版社 2011 年版，第 33 页。

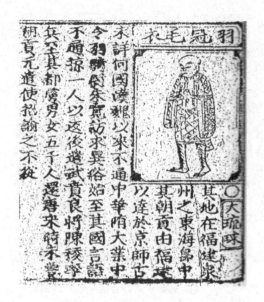

图 8 – 28　《新刊天下民家便用万锦全书》中的琉球人

皆受朝廷册封，自后惟中山来朝，至今不绝。其山南、山北二王盖为所并。风俗：人深目长鼻，颇类妇人。男子去髭发，妇以墨黥手，为龙蛇纹。皆芒绳缠发，从顶后盘绕至额。男以羽毛为冠，妆以珠玉、赤毛。妇以罗纹白布为帽，织斗镂皮而并杂毛为衣。以螺为饰而下垂。其声如珊。无礼节。父子同床。而瓒无他音□。好剽掠，故商贾不通。事山海之神，杀人以祭。所居壁下多聚骷髅为佳。无赋敛，有事则均税。无文字，不知节朔，视月盈亏以知时，视草荣枯以计岁。人喜铁器，不驾舟楫，惟缚竹为筏，急则群异之泅水遁去。土产：胡椒、硫黄、熊黑、豺狼、斗镂树（似橘而叶密）。①

琉球王国的人像虽没什么变化，但文字说明与本节之前文献相比，有较大不通。一是回顾了自唐至元的中琉交流史；二是有斗镂树的信息；三是记载了琉球人热衷铁器的习俗。其实除了第一条外，二三两条还是沿用了宋元文献的相关记载。

《新刻群书摘要士民便用一事不求人》22 卷，每卷 1 门，每门分上下，

① 中国社会科学院历史研究所文化室编：《明代通俗日用类书集刊》（13），西南师范大学出版社 2011 年版，第 59 页。

明代陈允中编，明万历书林钟德堂本。卷之六的"诸夷"中有大琉球国的图文，其中文字如下（见图8-29）：

图8-29　《新刻群书摘要士民便用一事不求人》中的琉球人

大琉球国：当建安之来（东），水行五百里至。多山洞，有小石，名为部像，而不及救援矣。国朝进贡不时，王子及部臣之子皆入大学读书，礼待甚厚。①

因图文没有新信息，略去不表。

《新锲燕台校正天下通行文林聚宝万卷星罗》39卷，明代徐会瀛编，万历书林余献可刊本。大小琉球国图文收录在卷之十"诸夷门"，详细图文如下（见图8-30）：

小琉球国：当建安之东，水行五百里。多玉，山洞有小石，名为部像，而不相救援。国朝进贡不时。王子及陪臣之子皆入太学读书，礼待

---

① 中国社会科学院历史研究所文化室编：《明代通俗日用类书集刊》（8），西南师范大学出版社2011年版，第464页。

图 8 - 30　《新锲燕台校正天下通行文林聚宝万卷星罗》中的琉球人

甚厚。①

　　大琉球国：其国在东南。目长鼻。颇男以羽毛为冠，妇以杂毛为衣。②

　　究竟是编者张冠李戴，还是别出心裁，与之前文献不同，竟然将大小琉球的说明文进行了互换。如此一来，容易让读者一头雾水。可见，时人对大小琉球的认识存在相当大的模糊区，同时也不难发现当时类书编纂、印刷的态度草率和质量之低下。

　　《新刻人瑞堂订补全书备考》34 卷，每卷 1 门，明代郑尚玄订，崇祯十四年（1633）序刊本。大琉球国收录在卷之七"夷狄"门中。详细图文说明如下（见图 8 - 31）：

① 中国社会科学院历史研究所文化室编：《明代通俗日用类书集刊》（7），西南师范大学出版社 2011 年版，第 76 页。
② 中国社会科学院历史研究所文化室编：《明代通俗日用类书集刊》（7），西南师范大学出版社 2011 年版，第 76 页。

图 8 – 31　《新刻人瑞堂订补全书备考》中的琉球人

大琉球国：当建安之来（东），水行五百里。国多山洞，有小石名为部像，而不自救援矣。国朝进贡不时。王子及部臣之子皆入太学读书，礼待甚厚。①

与其他日用类书相比，本书图像的最大不同是人物旁边增画了一棵树。作者的真实用意不得而知，笔者推测是否受到各种文献中"琉球土产斗镂树"的影响所致。

第三节　结语

上述对使琉球录以外的明代 16 种文献资料中的大琉球（琉球王国）人像进行了比较分析，可以发现明代人想象的琉球印象大致可以分为以下三个系统：《嬴虫录》系统、《东夷图像》系统、日用类书系统。

———————————

① 中国社会科学院历史研究所文化室编：《明代通俗日用类书集刊》（15），西南师范大学出版社 2011 年版，第 56 页。

　　"《赢虫录》系统"的琉球人像主要收录在《赢虫录》《异域图志》《三才图会》以及《新刻赢虫录》等书，人物双手胸前相握，袒胸露乳，髡发跣足，不去髭须，身着印花布衣，脸部表情温和，略带微笑，颇有儒风，近似日本人像。在所有图像中，本类型的属于比较正面的形象。

　　"《东夷图像》系统"迄今为止只有如此一幅，还不见被其他史籍所引用。它的特点是去髭须，脸部洁净，表情谦祥，袒胸文身，衣袍宽大低胸并上下连贯，脚蹬足履，整体呈现颇具华风之形象。

　　而"日用类书系统"的图像，其线条粗劣，髡发跣足，袒胸露乳，表情呆板，与前两者具有较大不同，异族气息较浓。有草木的图像在构图上避免了单调划一，并且可能寓意琉球人与树木的紧密关系，或者暗示该地区盛产树木之信息。由于日用类书普遍为民众所用，不难想象这类琉球人像对民众的影响应该最大。

第九章

15 世纪末中朝服饰文化的比较与交流

——以崔溥《漂海录》为例

崔溥（1454—1504），字渊渊，号缁南，朝鲜王国全罗道罗州人。朝鲜成宗八年（1477）24 岁之际中进士第三，29 岁中文科乙科第一，历任校书馆著作、博士，军资监主簿，成均馆典籍，司宪府监察，弘文馆副编修、修撰。33 岁中文科重试乙科第一，34 岁任弘文馆副校理，龙骧卫司果、副司直，官至五品。同年九月，赴济州岛出任推刷敬差官。

朝鲜成宗十九年（1488）正月三十日，家奴莫金从罗州奔赴济州，告知崔溥父亲去世的消息。于是，闰正月初三日，崔溥率领从员 42 人匆忙出海，准备回家奔丧。不料，船只遭遇海难，历经海上十四天的生死漂泊，终于同月的十七日来到了我国浙江省台州临海县境内的牛头外洋，一行 43 人在临海县狮子寨（今三门县浬浦镇沿赤乡沿江山村①，一说"今台州三门县沿江村金木沙湾"②）安全登岸。

由于当时台州一带倭患严重，人们对倭寇深恶痛绝，加之突然来访的崔溥一行身份不明，语言不通，引起了有司部门的高度警觉，并一度被怀疑为倭寇，致使崔溥等人遭受了不少的皮肉之苦和精神上的折磨。经过多次审问，崔溥凭借自己渊博的知识和朝鲜儒者特有的礼仪风貌，终于得以澄清自己的真实身份。同时，当时浙江的有关海防部门得知崔溥一行并非倭寇而是朝鲜官员的事实后，对朝鲜客人也是以礼相待，并根据有关漂流民遣送制度，给予了崔溥一行丰厚的生活待遇和应有的接待规格。

在明朝官员的护送下，崔溥一行从临海利用陆路到了杭州，从杭州开始

---

① 葛振家：《再读崔溥〈漂海录〉》，见金健人主编：《韩国研究》第十二辑，浙江大学出版社 2014 年版。

② 金贤德：《崔溥漂海登陆点与行经路线及〈漂海录〉》，载《浙江海洋学院学报》（人文科学版），2006 年第 4 期。

沿京杭大运河一直北上，直至北京稍做停留。北上的沿途各个驿站都做了良好的接待工作，使得崔溥一行衣食无忧。在北京期间，崔溥一行被安置在玉河馆暂住，不仅受到了明廷丰厚的赏赐，新登基的弘治皇帝还专门召见了崔溥一行的主要人员。此外，崔溥利用玉河馆的特殊地位，与琉球使者也有多次交流。最后，自北京经由边防路线到了辽东九连城，渡过鸭绿江顺利返回了朝鲜，总计行程八千余里。

难得的是，崔溥将自己漂流遣还的全过程做了细致的记载，即我们现在可以看到的《漂海录》。在5.4万余字的《漂海录》中，崔溥对沿途所经的山川、湖泊、驿站、铺栈、村镇、皇屯、桥洞、亭台、楼阁、庙宇、门坊、风俗、人名等，无不一一录载。尤其是对我国当时海防的关隘要冲、沿途驿站、水路交通、军备防务、各级官员的性格特点等情况的记载更为详细，为我们研究明朝的海防、江南风俗、大运河文化等提供了重要参考。

图 9 - 1 崔溥墓碑

以内部报告呈献给朝鲜国王的这部《漂海录》，起初并未得到广泛的流布。根据韩国学者朴元熇的考订，《漂海录》在朝鲜的最早官刻本是现今保存在日本东洋文库的铜活字印本，形成于 1530 年左右。而《漂海录》以木版第一次开印，则是崔溥的外孙柳希春在宣祖二年（1569）于定州刊出的本子，现今收藏在日本阳明文库。第三种是柳希春于万历元年（1573）刊行的校正本，即收藏在日本金泽文库的本子。第四种是在金泽文库本刊行 103 年之后，肃宗三年（1662）由崔溥外孙罗斗春在罗州出版刊行的本子，如今收藏在韩国奎章阁。1725 年，罗斗冬补修了奎章阁本缺失的木版，又在罗州出版刊行，如今收藏在韩国藏书阁。高宗三十三年（1896），崔溥的后代在康津以木活字再版了崔溥的《锦南集》，收入了《漂海录》，这就是如今收藏在韩国华山文库的本子。①

此外，美国、日本的学者也对《漂海录》进行了翻译和研究。如美国迈斯凯尔的英译本、日本清田君锦 1769 年的日译本《唐土行程记》等。我国最早关注和研究《漂海录》的学者是北京大学的葛振家教授，他在 1992 年出版

图 9-2 《唐土行程记》卷之一

---

① ［韩］朴元熇：《崔溥漂海录分析研究》，上海书店出版社 2014 年版，第 4—12 页。

了《漂海录》的点注本。从此，《漂海录》渐被国人所知。

图 9 - 3　海鳅图（《唐土行程记》）

如今，《漂海录》的研究在我国引起了一个小热门，尤其是崔溥一行登陆的台州地区，从政府到学者，都非常重视。2016 年 11 月，由浙江省博物馆与韩国国立济州博物馆共同筹备的"漂海闻见——15 世纪朝鲜儒士崔溥眼中的江南"展览展出后，崔溥及其《漂海录》引起了广泛的关注。展览以《漂海录》为线索，辅以中韩两国 26 家博物馆超过 300 件馆藏文物，旨在探寻崔溥在中国江南的游历足迹，呈现 15 世纪中韩两国的文化交流史。

纵观国内外《漂海录》的研究，涉及主题众多，主要有大运河文化、江南风俗、饮食文化、语言价值、漂流文学、中国形象、气候气象等。本章选取其中的一个侧面即"服饰文化"作为论述的焦点，从而谈谈 15 世纪末中朝两国在服饰文化上的一些异同点和以崔溥为中心的交流情况。

第一节　朝鲜的衣冠制度

崔溥一行滞留中国 135 天，与之交往有姓名者不下 130 余人，其中有卫所千户、百户及县令等中下级官吏和不入品的驿丞，有退职还乡的老官人、隐居不仕的隐儒、贫寒失意的读书人、乡间中试者，以及船夫、寺僧、家僮、一般乡民等广泛的中下层民众。因受严格关禁和漂流人身份制约，崔溥一行除去可主动与护送官员用笔谈问答交流外，不得随意与人交往，多是在留宿地接待来访者，但也无碍双方利用一切机会了解想了解之事，切磋彼此感兴趣的问题。

因此，无论是在最初的审问，还是身份解明之后的对谈中，多次涉及朝鲜衣冠制度问题，崔溥都有比较详细的回答。

一、朝鲜衣冠"一遵华制"

"常服"即平时所穿戴的冠服，此处尤其是与崔溥一直穿着的"丧服"所比较而言。

闰正月二十一日，崔溥一行被送至桃渚所。把总松门等处备倭指挥刘泽询问崔溥朝鲜的"衣冠礼乐从何代之制"时，崔溥回答说"衣冠礼乐一遵华制"，即朝鲜王朝的衣冠制度基本与明朝相同。

弘治元年（1488）闰正月二十五日，当崔溥一行离开健跳所去越溪巡检司之际，当地众官热情相送。崔溥非常感动，对众人说："盖我朝鲜地虽海外，衣冠文物悉同中国，则不可以外国视也。况今大明一统，胡越为家，则一天之下皆吾兄弟，岂以地之远近分内外哉？"崔溥在这里提到不仅朝鲜的衣冠制度遵从明制，"文物"亦悉同中国。所以，无论朝鲜与大明相隔多远，都是兄弟，没有内外之别。崔溥身为一名有相当修养的朝鲜高级知识分子，对当时的中朝关系有如此认识，说明朝鲜民众对大明朝的认可程度是非常高的。

弘治元年（1488）二月初四，在绍兴府。总督备倭署都指挥佥事黄宗、巡视海道副使吴文元、布政司分守右参议陈潭在绍兴府澂清堂再次提审崔溥，其中提道"汝若是朝鲜人，汝国历代沿革、都邑、山川、人物、俗尚、祀典、丧制、户口、兵制、田赋、冠裳之制，仔细写来，质之诸史，以考是非"。于是，崔溥一一作答。在提到冠裳之制时，崔溥再次说："冠裳，遵华制。"

二、朝鲜的官服

弘治元年（1488）闰正月二十日在桃渚所，有一位叫薛旻的官人问崔溥："你国官人果皆犀带乎？"崔溥说："一、二品着金，三、四品着银，五、六品以下皆着乌角，而无犀带。"薛旻又问朝鲜是否产金银，崔溥说不产。于是，薛旻接着追问，那朝鲜官员哪里来的金银带？崔溥说全是中国进口的，所以金银带很贵。这是关于朝鲜官服腰带的对话，从薛旻当时的问话中可以推测，明朝人认为朝鲜官人皆系犀牛皮腰带，然崔溥予以了纠正。

弘治元年（1488）二月十八日，崔溥一行来到了苏州郊外的浒墅镇。休息期间，有御史三人与崔溥进行了笔谈，其中问到了朝鲜的衣冠制度。

御史：你国冠服与中国同否？

崔溥：凡朝服、公服、深衣、圆领，一遵华服；唯贴里、襞积，少异。

崔溥提到的"朝服"即朝会时官员穿的礼物，"公服"即官员的正服，"深衣"即两班贵族、上层儒生平时穿的衣服，"圆领"也叫"团领"，指有圆领的外衣，两侧开叉长，领子的宽度、周长显示出时代差异，根据摆和袖的样式也能判断时代。明代是在洪熙年间，改监生衣为青圆领。[1]

而贴里是朝鲜时代具有代表性的袍服之一，上衣与下面的裙子在腰间相连形成袍子，下身裙子多褶，走路骑马都很方便。随着时代变迁，上衣与下裙的比例、裙褶的宽度、袖子模样、领子、带子样式等都有不同。朝鲜前期的上衣与裙子比例为 1∶1，裙摆为细褶（1 厘米 5—7 个），袖子为筒袖形，领子与飘带为双重。

以上这些衣冠的穿着、配色、款式遵从明朝制度，只是在衬料、打褶上略有区别。

---

[1] 南炳文、何孝荣：《明代文化研究》，人民出版社 2006 年版，第 339 页。

图 9 – 4　19 世纪朝鲜团领（韩国国立中央博物馆藏）

图 9 – 5　朝鲜时代贴里

三、笠子、网巾

弘治元年（1488）闰正月二十三日，崔溥一行在台州官员的陪同下，来到仙岩里的一座寺院借宿。当夜，千户许清、翟勇在当地里长的引导下，从贼人那里要回了崔溥被抢的马鞍，但笠子、网巾还是不见了。

所谓笠子，即"斗笠"，朝鲜官员佩戴的笠帽。其实，朝鲜的笠帽也受到明朝的影响。在明中期以前，明朝官绅也流行过穿戴帽檐更大的方顶笠帽，以现在的眼光来看，非常容易被误认为韩服的配饰。只是到了中后期，无论是帽珠还是方顶笠帽都逐渐在明朝服饰体系中消失。

图 9 –6 所示的"黑笠"是男性专用官帽，因身份或礼仪不同而采用不同

图 9 - 6　黑笠

的规制，分为头冠和遮阳帽檐两个部分。整体以鬏墨漆后，又覆以生漆，帽
子顶部边沿、帽身与遮阳帽檐的连接处、遮阳的最边缘均以竹篾支撑。在帽
身与帽檐连接处的竹篾框两侧留有圆孔，用以穿系帽带。

　　常用的黑笠还有一种，如图 9 - 7 所示，为朝鲜时代成年男子使用的宽带
帽子，也有头冠和遮阳帽檐两个部分组成。以竹篾做成帽子和帽檐的框架，
帽檐两边连接了两条帽带。其中，竹制帽带由小段竹条和透明的珠子组成，
而另一条帽带则为丝绸制成。

图 9 - 7　朝鲜时代黑笠

在朝鲜高丽王朝末期至朝鲜王朝前期，朝鲜官绅的服饰与明朝非常相似。而朝鲜王朝早期的大帽到后来走上了与明朝大帽截然不同的发展道路。随着时间的推移，原来的直檐大帽在融合了笠帽的特点后，逐步演变成我们经常在韩国历史剧中见到的毡帽（主要以红色或黑色为主），主要是武班日常穿戴的首服。同时已经被明朝舍弃的帽珠则一直留在朝鲜传统服饰体系内。

而"网巾"是指笼发的网罩。佩戴笠帽时，先在头发上敷以网巾，以防头发下垂。网巾，古代没有这一服制，所以古今图画人物中所戴之巾均无网状之物。相传此巾式为明太祖取法于神岳观道士之式。明初定天下，改易"胡风"，于是以丝结网，以束其发，称为"网巾"。网巾编结而成，若渔网。网口以帛作边，边子二幅稍后缀一小圈，用金玉或铜锡制作。两边各系小绳交贯于二圈内，顶束于发，用来裹头，并使发整齐。网巾由一总绳栓紧，所以又名"一统山河"，或称"一统天和"。到万历年间，网巾转而变为用落发、马鬃编结。天启中，削去网带，止束下网，名为"懒收网"。①

四、丧服

儒者崔溥是因为奔丧而遭遇海难，所以在两周的海上漂流及其滞留中国四月有余的日子里，除在北京谒见弘治皇帝以外，丧服几乎没有离开过他的身体。因而，《漂海录》对丧服、丧制的记载比较详细，也是研究朝鲜丧制的好史料。

前面已经提到，弘治元年（1488）正月三十日，崔溥的家奴莫金持丧服从罗州到济州，来报崔父亡故之事。接到噩耗的崔溥，换上丧服，经过两天的紧急准备，包括向水精寺借船、开具沿途所用公文等，于闰正月初三日匆忙出海。不料遭遇海难而在浙江境内登陆。

（一）丧服遇海贼

崔溥一行的遭遇可谓雪上加霜。在海上漂流了十多天，终于弘治元年（1488）闰正月十二日，船只来到了宁波府界的一个不知名的大岛，但此岛"连绵如屏"，无法停泊。此时，有两艘船只径直往崔溥的漂船而来。见此情形，随从光州牧吏程保等人忙向崔溥跪求，请其脱下丧服，换上纱帽、团领，以表明官人之身份，不然贼人会认为是在骗他们，而加以侮辱。不料崔溥竟

---

① 陈宝良：《明代社会生活史》，中国社会科学出版社 2004 年版，第 220 页。

图 9-8 崔溥丧服模拟图

说："漂流海上，天也；屡经死地而复生，天也；到此岛而遇此船，亦天也。天理本直，安可违天以行诈乎？"说什么都不肯脱下丧服。果不出其料，这伙贼人夜闯崔溥一行的歇息地，拷问众人，并进行百般蹂躏，强抢值钱之物。尽管如此，崔溥对自己的丧服之姿也绝无丝毫悔意。

十六日，船只漂至台州临海界海域，只见有六艘船只列泊在此。鉴于前车之鉴，程保等人再次建议崔溥换上官服，以示身份。不料崔溥依然固执己见，就是要以丧服面见中国人，他的理由是"释丧即吉，非孝也；以诈欺人，非信也。宁至于死，不忍处非孝非信之地，吾当顺受以正"。无奈之下，另一随员安义建议，既然崔溥不肯脱去丧服，穿上官服如何？没想到崔溥更是严厉制止，告诫大家宁可被杀，也要守正。争执之间，六艘船只已经围了上来。其中一船，上有八九人，衣着装扮、语言皆如之前遇见的贼人。但这次崔溥一行的运气还不错，并没有再次被抢，只是被索要胡椒而已。可惜崔溥他们连胡椒也没有，对方也就此作罢。朝鲜一行 43 人终于得以登陆，地点是今浙江省三门县牛头门。

（二）丧服不离身

其实，崔溥对于自己的服丧是非常严格认真的。例如，二十日在桃渚所时，当海门卫千户许清看到崔溥浑身湿透时，建议说：“今日有阳，可脱衣以晒之。”不料崔溥说：“我衣皆湿，脱此则无可穿者，不能晒也。”许清只好把崔溥带到有太阳的地方，让其自然晒干。崔溥宁可身着湿衣，也一刻不脱丧服。

不仅如此，崔溥宁愿不见明帝，也不愿意脱下丧服而换吉服。

四月十八日，礼部主客司郎中李魁，主事金福、王云凤传尚书周洪谟等人之命，对崔溥说：“明早引入朝，给赏衣服，可易吉服，事毕便打发回去。”崔溥说：“我漂海时不胜风浪，尽撒行李，仅守此丧服来，无他吉服。且我当丧即吉，恐不合于礼。且以丧服入朝，义又不可。请大人斟酌礼制更示何如？”李郎中考虑了很久，派人对崔溥说：“明早受赏时，无展礼节次，可令你从吏代受。明后日谢恩时，你亲拜皇帝，不可不参。”①

四月二十日，通事李翔来到玉河馆，再次要求崔溥亲自入宫谢恩。两人之间有一段对话：

> 李翔：你今具冠服入朝谢恩，不可缓也。
>
> 崔溥：当此丧，衣夫锦，戴纱帽，于兴安乎？
>
> 李翔：你在殡侧，则尔父为重，今在于此，知有皇帝而已。皇帝有恩若不往谢，大失人臣之礼。故我中国礼制，宰相遇丧，皇帝遣人致赗。则虽在初丧必具吉服驰入阙拜谢，然后反丧服。盖以皇恩不可不谢，谢之则必于阙内，阙内不可以衰麻人，此嫂溺援手之权也。你今从吉，事势然也。
>
> 崔溥：昨日受赏之时，我不亲受。今谢恩之时，亦令从吏以下往拜若何？
>
> 李翔：受之之时，无拜礼节次，虽代受可也。今则礼部、鸿胪寺俱议，你谢恩事已入奏，云：“朝鲜夷官崔溥等”云云。你为尔等之班首，其可安然退坐乎？

---

①　葛振家：《崔溥〈漂海录〉评注》，线装书局 2002 年版，第 154—155 页。

无奈之下，崔溥不得已率领程保等人随从李翔步行至长安门，准备入宫谢恩。但是此时的崔溥犹不忍脱去丧服，换穿吉服。李翔上去强硬脱去崔溥丧服，加戴纱帽，并解释道："若国家有事，则有起复之制。汝今自此门吉服而入，行谢礼毕复出此门时，还服丧衣。只在顷刻间耳，不可执一无权也。"听李翔如此之言后，崔溥才安心入宫。

崔溥五拜三叩头后，即刻出宫，当走出长安左门时，马上换上丧服，过长安街，回到了玉河馆。

（三）朝鲜的丧制

那么，朝鲜的丧制到底如何呢？根据崔溥在回答绍兴府官员审问时的陈述，朝鲜的"丧制，从朱子《家礼》"①。《朱子家礼》（也称《文公家礼》）是南宋理学大师朱熹的礼学著作，其主要是冠、婚、丧、祭等家庭礼仪和日常行为规范的整理和汇编。

据《高丽史·安珦传》记载，安珦（1243—1306）于1289年从中国元都带回朱熹的著作，并在太学讲授朱子学。一般认为，这是朱子学进入韩国官方社会的开始。而真正意义上对朱子学做系统研究并产生重大影响的是郑梦周（1337—1392），他十分推重朱熹的理学思想，也就是经过这位"东方理学之祖"的介绍和推广，朱熹的《家礼》传入了韩国，时间大约是在14世纪前半叶。②

那么，崔溥所说的朝鲜丧制遵从《朱子家礼》是否属实？根据《李朝实录·太宗实录》卷五的记载，1408年太祖逝世后，"上擗踊呼泣，声闻于外，治丧一依《朱子家礼》"，也就是说太祖的丧礼是依照《家礼》而行之的。1424年，成均馆百余名学生上书，极力要求在丧葬时依据《家礼》施行，他们在上书中说道："其丧葬之际，一依《家礼》之法，犯者严加科罪，以警其余，然后使旧染之俗，教之以礼义，养之以意义，养之以道德，则不数年间，人心正而天理明。"由此可知，《家礼》不仅在韩国社会产生了深远的影响，而且随着政府和学界对《家礼》了解的深入，民间百姓也对《家礼》变得十

---

① 葛振家：《崔溥〈漂海录〉评注》，线装书局2002年版，第79页。
② ［韩］卢仁淑：《朱子家礼与韩国之礼学》，人民文学出版社2000年版，第108—109页。

分了解和熟悉，并远远超过了中国人对于《家礼》的熟悉和使用程度。①

闰正月二十日，桃渚所千户陈华来看望崔溥，一见面就指着崔溥的帽子问："此何帽子？"崔溥说："此丧笠也。国俗皆庐墓三年。不幸如我漂流，或不得已已有远行者，则不敢仰见天日，以坚泣血之心，所以有此深笠也。"

可见这丧笠并不是所有丁忧者必戴之物，只有如崔溥这样漂泊在外者，为了表示对居亲丧的悲恸之情而使用。这丧笠又称"深笠"，应该是为了充分遮住阳光，以避免见天日。

丧笠也称"方笠"，大致如图9-9所示。形似斗笠，居丧者外出时戴的竹笠，仅适用于特殊场合。

图9-9　方笠

二月十八日，崔溥一行在苏州浒墅镇修整。三位御史前来笔谈交流，其中问到朝鲜国丧制时，崔溥作答说：

> 一从朱文公《家礼》，斩衰、齐衰皆三年，大功以下皆有等级。

"斩衰""齐衰"中的"衰"通"缞"，都是丧服之名，五服中的两种。斩衰，五服中最重之丧服，用最粗生麻制成，左右和下边不缝缉。齐衰，五

---

① 喻小红、姜波：《〈朱子家礼〉在韩国的传播与影响》，载《西南科技大学学报》（哲学社会科学版），2016年第1期。

图 9-10　朝鲜时代后期的丧服

服中仅次于斩衰之丧服，用稍粗麻布制成，缝下边。而"大功"又次于"齐衰"，用粗熟布制成。①

五、日朝衣冠不同

弘治元年（1488）闰正月十九日，海门卫千户许清在桃渚审问崔溥一行，其中提到了与衣冠相关的问题：

> 许：你以倭人登劫此处，何也？
> 崔：我乃朝鲜人也。与倭语音有异，衣冠殊制，以此可辨。
> 许：倭之神于为盗者，或有变服似若朝鲜人者，安知你非其倭乎？
> 崔：观我行止举动，证我印牌、冠带、文书，则可辨真伪。

因当时台州一带倭寇骚扰频繁，所以崔溥一行登陆以后，就一直被怀疑是倭寇，而且有司确实也已经上报，说有倭情。无奈双方语言不通，幸亏文字相通，最后以笔谈方式进行了审讯。在当时实行海禁的情况下，要区分突然来临的外人崔溥一行究竟是日本人还是朝鲜人，确实是一难题。尽管崔溥

---

① 葛振家：《崔溥〈漂海录〉评注》，线装书局 2002 年版，第 110 页。

强调自己是朝鲜人，与日本人语言有异，衣冠也完全不同，但许清却说，倭寇很狡诈，有时会变换服装，看起来疑似朝鲜人，怎么确定你就不是倭寇呢？崔溥辩解说，一看行为举止，二是有证明可辨真伪。

从以上对话可见，许清究竟掌握了多少日朝知识我们不得而知，但崔溥明确认为日朝语音有别，衣冠殊制。也就是说，崔溥不仅具有深厚的汉学功底，对日本文化也有一定程度的了解。

第二节　崔溥所见的中国服饰

崔溥在《漂海录》中，不仅涉及朝鲜衣冠制度问题，而且还对中国各地的服饰文化多有记载。此外，还对特殊人群的衣着装扮有比较详细的载录，如海贼就是其中一例。

一、宁波海贼的装扮

弘治元年（1488）闰正月十二日，崔溥一行漂至宁波外海的一个大岛，结果遭遇了两艘海贼船。第一船上有十余人，"人皆穿黑襦裤、芒鞋，有以手帕裹头者，有着竹叶笠、棕皮蓑者，喧豗叫噪，浑是汉语。"见此打扮，崔溥认定是中国人，就令程保笔谈告知对方漂至此地的缘由。船上的中国人倒也并无恶意，留下两桶淡水而去。接着第二艘船只逼近，"有军人可七八人，其衣服、语言亦与前所见同"。崔溥的这个记载令我们有些茫然，说船上的七八人是军人，可装扮又与前一艘船员相同，似乎对不上号。但从崔溥一行之后的遭遇来看，这七八人却是海贼，深夜入室把崔溥他们洗劫一空。第二天，崔溥叹曰："臣及舟人所藏襦衣俱失于贼，所穿之衣久渍咸水，天且恒阴，不得曝干，冻死之期逼矣；舟载储粮尽为贼夺，饿死之期逼矣；舟以碇橹为贼所投，假帆为风所破，但随风东西，随潮出入，梢工无所施其力，沉没之期亦逼矣。"总之，崔溥认为死期逼近了。

二、北京的服饰

首先是北京国子监生员的衣着装扮。

崔溥一行到了北京后的弘治元年（1488）四月初八日，国子监生员杨汝霖、王演、陈道等戴黑头巾、穿青衿衣团领来，曰："你国学徒亦服此乎?"
崔溥说："幼学虽在穷村僻巷者，皆服之。"可见，朝鲜的儒生也和明朝穿着
一样的服饰。

而四月二十三日，崔溥比较详细地记载了北京一带的服饰文化：

> 今大明一洗旧染之污，使左衽之区为衣冠之俗。衣服短窄，男女
> 同制。
> 其服饰：则江南人皆穿宽大黑襦裤，做以绫、罗、绢、绸、匹缎者
> 多；或戴羊毛帽、黑匹缎帽、马尾帽，或以巾帕裹头，或无角黑巾、有
> 角黑巾、官人纱帽，丧者白布巾或粗布巾；或若靴，或着皮鞋、鞋、芒
> 鞋；又有以巾子缠脚以代袜者。妇女所服皆左衽。首饰于宁波府以南，
> 圆而长而大，其端中约华饰；以北圆而锐如牛角然，或戴观音冠饰，以
> 金玉照耀人目，虽白发老妪皆垂耳环。江北服饰与江南一般，但江北好
> 着短窄白衣，贫匮悬鹑者十居三四。妇女首饰亦圆而尖如鸡喙然。自沧
> 州以北，女服之衽或左或右，至通州以后皆右衽。山海关以东，其人皆
> 粗鄙，衣冠褴褛。海州、辽东等处，人半是中国，半是我国，半是女真。
> 石门岭以南至鸭绿江，都是我国人移住者，其冠裳、语音及女首饰，类
> 与我国同。

崔溥在上述引文中列举了我国江南、江北、沧州以北、通州以北、山海
关以东、海州辽东以及石门岭以南等地区的服饰习俗，其中包括冠、衣、裤、
鞋、耳环、首饰等方面。这些记载现在看来，也许有一定的局限性，但应该
是崔溥亲眼所见，所以具有很高的史料性和文献价值。如观察江南妇女所服
皆左衽，沧州以北女服之衽或左或右，至通州以后皆右衽，这可谓细致入微。

洪武年间，朱元璋从面料、样式、尺寸、颜色四个方面，确立了一代服
饰的等级制度。如从服饰面料来看，只有王公贵族、职官才能穿着锦绣、苎
丝、绫罗等服饰面料，庶民百姓只能用绸、素纱等面料，而商人只能用绢、
布，不许用绸、纱，体现了当时重农抑商的思想和基本国策。而首饰只有皇
宫后妃、命妇可以用金、玉。一般百姓家的女性起初耳环可以用黄金、珍珠、
钏、镯，其他首饰只能用银，或是镀金。到了后来，限制更加严格，百姓家
妇女首饰只能用银。

而服饰的样式，职官的装束总体上为头戴乌纱帽，腰间束带，脚蹬黑靴。生员一般头戴软巾，腰系垂带，身着襕衫。①

第三节　中朝服饰交流

崔溥一行滞留中国期间，受到各地人士的欢迎和馈赠。在馈赠中，就有衣服、面料等物品，包括明廷的赏赐中，也有不少的衣裳、布料。当然，崔溥不仅仅是服饰的接受者，有时亦以衣相赠。

一、崔溥临别留衣

崔溥一行到了杭州之后，受到武林驿官员顾壁的悉心关照，崔溥决定以礼相送，一表谢意。无奈"行李一无些子之储，所有者只此衣耳"。空空如囊的崔溥实在拿不出像样的东西赠送顾壁，于是决定脱下身上的衣服作为谢礼。随行的程保劝说："前日解一衣赠许千户，今日又解赠顾公，则所穿之衣只一件耳。迢递万里之路，敝谁改为？"可见，身无分文的崔溥解衣赠送并不是第一次了，海门卫千户许清应是第一人。赠衣本也可以理解，但如再赠，千里迢迢可只有一件衣服了。程保请崔溥三思。可崔溥却说：

> 古人以一衣三十年者有之。我之作客他乡，只在一年之间，今时日渐燠，一布衣足以当之。且蛇鱼感恩亦欲报之，而况于人乎！

蛇鱼这样的动物都懂得报恩，何况是人！崔溥的话语实在是感人，不愧是朝鲜优秀的文人代表。尽管只是一件衣服，但对此时的崔溥来说，几乎是倾其所有。于是，脱下衣服赠予顾壁。顾壁挥手以却，崔溥说：

> 朋友之赐，虽车马不拜，况此矮小之衣乎！昔韩退之留衣以别大颠，则临别留衣即古人之意也。

---

① 陈宝良：《明代风俗》，上海文艺出版社 2017 年版，第 118—120 页。

崔溥熟读中国经书，竟以韩愈与大颠和尚的"临别留衣"为例，道明自己此刻感恩的心情。经崔溥如此一说，顾壁说："本欲却之，恐阻盛意。"也即盛情难却，顾壁收下了崔溥的赠衣。

二、赏赐中的服饰

弘治元年（1488）四月十九日，程保等入宫接受赏赐。其中给崔溥的赏赐为：素苎丝衣一套，内红缎子圆领一件，黑绿缎子褶子一件，青缎子褡褝一件，靴一双，毡袜一对，绿棉布二匹。程保以下四十二人：胖袄各一件，绵裤各一件，鞡各一双。

"褝"即衣带，"胖袄"即明代九边将士及锦衣卫军所服棉上衣。袄长齐膝，窄袖，内充填棉花。"鞡"，即高勒棉鞋。

三、来自护送官的赠品

弘治元年（1488）五月十九日，广宁驿。护送崔溥一行回国的太监、总兵官、都御史、都司、参将等命令柳源及驿写字王礼等载衣服、帽、靴等分发给崔溥等人。崔溥得到：生福青圆领一件、白夏布摆一件、白三梭布衫一件、大毡帽一顶、小衣一件、白鹿皮靴一双、毡袜一双。程保以下四十二人：每人白三梭布衫各一件、小衣各一件、毡帽各一顶、靴各一双、毡袜各一双。

第四节　结语

崔溥的奔丧之旅，意外变成了一次海上生死漂流，在中国逗留的四个半月里，完整地经历了京杭大运河。回国后，崔溥用流畅的汉文，以日记体叙写了这一南北经历《漂海录》，作为当时朝鲜国王的"内参报告"。全书约5.4万余字，涉及明朝弘治初年政治、军事、经济、文化、交通以及市井风情等方面的情况，是研究中韩友谊关系及中国明朝海防、政制、司法、运河、城市、地志、民俗的重要历史文献。崔溥记载了运河的各种地名 600 余个，其中驿站 56 处、铺 160 余处、闸 51 座、递运所 14 处、巡检司 15 处、桥梁 60 余座。《漂海录》也是研究京杭大运河的绝好域外文献。

本章就明代时期中朝的服饰文化做了专题研究，从中可以发现：

朝鲜的衣冠制度基本遵循明朝的相关规定，但也有自己的部分特色，如笠子、网巾等的使用；

除了谒见明朝皇帝之外，崔溥几乎丧服不离身，可见朝鲜的丧服制度非常严格；

中朝之间有一些服饰或布料方面的交流，但鉴于崔溥特殊的身份，这种交流以中国服饰流向朝鲜为主；

崔溥《漂海录》的刊行，为朝鲜人了解我国明朝的服饰文化提供了参考，同时也为国人研究明代的服饰文化提供了海外视角；

服饰看似只是一种外表，但它是主人身份的标志，民族文化的符号。通过崔溥一行在中国的活动经历，当时的明朝人对朝鲜的衣冠制度有了深刻的认识，对朝鲜儒者的衣冠仪态有了切身的感受。

第十章

19 世纪初日本人眼中的朝鲜衣冠制度

——以《朝鲜漂流日记》为例

中华民族自古以来就有"衣冠上国，礼仪之邦"之美誉。而《左传·定公十年》中的"中国有礼仪之大，故称夏；有服章之美，谓之华"之记载，更是充分说明了服饰礼制一直贯穿在中华民族悠远博大的传统血脉中。据称，孔子的门生子路在阻止孔悝推翻卫国国君政变的激烈战斗之际，子路冠下的丝缨被击断，他竟然"君子死而冠不免"，然在从容结缨正冠的瞬间，被人趁机杀死并剁成肉酱。子路看起来似乎为儒家的信仰而死，实际上应该说是为寄托这种信仰的形式——衣冠威仪而死更为准确。那么，深受中国文化熏陶的邻邦朝鲜，他们的服饰制度又是如何？本章借用 19 世纪初日本人撰写的一本漂流日记《朝鲜漂流记》（以下简称《日记》）①，来分析当时朝鲜人士的服饰制度及文化。

清嘉庆二十四年（1819）六月十四日，在琉球冲永良部岛任正副代官的萨摩藩人士日高义柄、川上亲诀、安田义方三人结束两年半任期，拟率一行25人搭乘龟寿丸（见图 10 - 1）回归故地。不料途中遭遇海难，历经千辛万苦，幸于七月三日漂至朝鲜忠清道庇仁县马梁镇安波浦（见图 10 - 2）。

---

① 本章所有插图、引文皆来自日本神户大学附属图书馆住田文库藏本《朝鲜漂流日记》，以下不一一注明。

图 10－1　漂流中的萨摩藩船只龟寿丸（《朝鲜漂流日记》卷一）

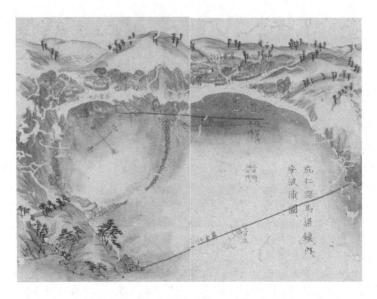

图 10－2　朝鲜庇仁县马梁镇内安波浦图（《朝鲜漂流日记》卷一）

第一节　白衣朝鲜人

关于《日记》的版本及其传世经过，相关学者已经做过介绍，[①] 不再赘言。值得注意的是，安田义方记录、图绘了众多朝鲜人士的服饰特色，这对考察 19 世纪初朝鲜王朝的服饰文化、衣冠制度非常有益。

朝鲜民族自古喜欢素白色彩的服饰，以示清洁、干净、朴素、大方。因此，朝鲜民族有"白衣民族"之称，而他们相互间也自称"白衣同胞"。关于朝鲜民族尚白习俗，在我国的历代文献中也有不少记载，如《三国志·魏志·东夷传》中提到的扶余、弁辰、高丽，《隋书》《旧唐书》中的新罗以及徐兢《宣和奉使高丽图经》中的高丽等，都有类似记载。

那么，朝鲜民族尚白的原因究竟是什么？目前有多种说法，主要有染织技术滞后说、喜好洁净说、出于初始本能说、太阳崇拜说等，目前太阳崇拜说得到较多学者认同。[②] 值得注意的是，亦有学者提出是受到了中国道教传入的影响而致。[③]

一、"其人皆白衣"

1819 年 7 月 3 日，也即萨摩藩人刚刚漂到庇仁县马梁镇安波浦的当天，一群朝鲜人来到日本船上看热闹。安田在《日记》中写道：

> 其人皆白衣，见其貌，则不问而知朝鲜人也。我本藩有朝鲜之遗种，

---

① 陈小法、王勇主编：《〈朝鲜漂流日记〉研究》，上海交通大学出版社 2018 年版。

② 胡翠月：《从历史的角度解析"白衣民族"尚白的文化内涵》，载《延边大学学报》（社会科学版），2012 年第 1 期。

③ 孙亦平在《东亚道教研究》（人民出版社 2014 年版，第 74 页）中指出，在朝鲜半岛，活动于高句丽的仙郎为"皂衣仙人"，大概是因为仙郎穿黑色衣服。道教传入后，其崇拜的元始天尊或玉皇上帝中也加入了朝鲜民族原始信仰中的天神观念。在朝鲜民族看来，天神是光明的，以白色为其象征色，故称其民族为"白民"，称其国家为"白民国"。然而，朝鲜时代道士的服装颜色既不同于"皂衣仙人"，也不同于中国道士穿黄色、紫色或青蓝色的道衣，而是穿白衣，带黑皂巾。"道士之服，不以羽衣，以白布为裘，皂巾四带。"朝鲜道士服装颜色的变化是否反映了其固有的民族信仰与道教融合调和的情况？

即丰太阁征韩之日，我先公擒韩人若干，归而居于苗代川村，今犹不变其服饰须发。中有长袖危冠者，以书示我。其书曰："你们以何国何地之人，缘何事出海，漂到于此乎？"

——卷一

刚刚漂到陌生之地的安田一行，开始并不知道自己身处何国何地。然而，见到一群穿着白衣的人群后，马上就意识到自己来到了邻国朝鲜，判断的依据是萨摩藩有名的朝鲜人聚集地苗代川村人就有爱穿白衣之习俗。换言之，在日本人看来，"一袭白衣"乃朝鲜人的典型外表。可见，朝鲜民族尚白之习俗在中日两国皆是早有所闻。

在日本并不是没有白衣，只是特殊身份的人才穿着。如镰仓时期的狩衣系列服饰中，就有被称为"白张"的装束，即白色布衣搭配同样白色的布袴。只是这种白色猎装是贵人的随从穿着的，穿着这种服装的人被称为"白丁"，意为穿着白张的侍从（见图 10-3）。

平安时代紫式部的《紫式部日记》"九月十二日"条中也有对女官们穿着白色服装有如下记载：

图 10-3　日本的白丁服

中宫妃通身洁白的装束，无半点污尘。在中宫面前，同样身着白色的女官们的容姿、相貌也全都一目了然。白衣映衬下的头发，就像是一幅好的水墨画上用浓墨画出来的一样。这样的场面很让我难堪，因为羞于在中宫御前露面，所以，白天我一直躲在自己的房里，悠然地看着其他女官们前去侍奉，几位获赐允许着禁色衣装的女官，穿着白色织锦的唐衣和白色的褂子，看起来都是一样的华丽耀眼，却反倒少了各自的韵味。那些不允许着禁色衣装的女官们，特别是年纪略大些的几位，为了使自己的衣着不太显眼，故意只穿了一些的三重套褂或五重套褂。织锦的上装外，轻松地披一件平纹唐衣。其中有的

女官的多重套褂用的是绫或罗。(后略)①

　　当时的皇室有规定，赤、青、黄丹、栀子、深紫、深绯、深苏芳七色为禁色，是天皇、皇室专用。文中穿着白色的都是获得御赐许可后穿着白色织锦唐衣的高级女官。换言之，白色在当时的日本，是属于一种贵族颜色。此外，从上文可知，这些高级的织锦白色服装，都是以唐衣为主，即使不穿白衣，女官们的外套也是平纹唐衣。可见，当时唐代的服饰文化对日本影响很深。

　　即使现在，还可见一袭白衣的日本人，但除了神官、祭祀人、巡幸者等与宗教相关的人员外，主要是轿夫等职业人士所穿。

　　而文中提到的"丰太阁征韩"，发生在日本庆长二年（1597），在南原之役中，萨摩藩岛津义弘的军队俘虏了包括陶工朴平意（1560—1624、日本名"清右卫门、兴用"）在内的 43 名朝鲜人，翌年这些"战利品"被强制安置在萨摩日置郡的苗代川村（现在的东市来町美山）。定居后的朴平意在此继续了他的手艺，即烧制陶瓷器，苗代川烧迅速成为优质陶瓷而闻名全国。也许是偶然，朴平意的代表陶瓷品"萨摩烧"也是以白色为主打产品。

　　尽管战争过去了二百多年，但是这些朝鲜的被掳人至今不改他们的服饰须发，以示对故土的怀念，一份对身份、国籍的坚守。

　　人群中有位穿着特殊的人物即"长袖危冠（高冠）"者首先与日方人士进行了笔谈交流，询问三个基本问题：哪国人？为何出海？为何漂到此地？后来得知，这位"奇装怪服"者就是马梁镇金使李东馨。李东馨与众人一起涌上了日本船只，《日记》对他的描述为"中有衣冠殊于众者"，即李的服饰与庶民有着很大区别。此外，还可从着装上分辨朝鲜官员的品秩高低，因为《日记》中写道："又有广袖者，盖下官人也。"也即长袖是金使级别的官员所有，广袖乃低级官吏的标志。

二、白衣太守及随从

　　不仅如此，首次亮相的庇仁县太守也是白衣身姿。《日记》中记载道：

---

① 叶渭渠编选：《日本随笔经典》，上海文艺出版社 2006 年版，第 34 页。

　　（七月三日）有间，一队出自村巷，头蹈植矛、卤簿，调乐、乘轿、张青盖、携弓箭、持佩刀，行列凡五六十人。而至水涯，下轿。将驾舟，有白衣者，立其舟尾。左右叱捕之，引伏于沙上，笞之。既而进舟，发铁砲数声，犹音乐，而及我船，因下梯礼迎。其人丰颊、微髯、了眸端正，来坐于席。温恭肃雅，绰绰然有余□，是庇仁太守尹永圭者也。

——卷一

　　文中的"卤簿"为古代东亚地区官员出外时扈从的仪仗队。上述引文中的□处为抄本不能判读之字。太守尹永圭的出场派头很大，竟有五六十人护送同行。一身白衣的太守来到日本船只后，给日本人的第一印象是"丰颊、微髯、了眸端正"，"温恭肃雅，绰绰然有余□"，这美好的印象为之后双方顺利的交流埋下了伏笔。

　　太守尹永圭是名称职热心的地方官，他每日来到日本船只，看望这些异国的漂流民，为他们排忧解难。首次亮相是一袭白衣，但留存《日记》中的画像却是蓝色衣装，估计这是外套的长袍。太守每次驾临虽然排场也不小，总有"童子四五人陪扈于轿前"，但并未使日本人生厌。在"七月二十五日"中有如下记载：

　　庇仁太守每日来于我船。《缀行图》长袖戴凸冠者，下官人也。植孔雀尾、垂赤毛者，步吏也。其笠垂耳上者，奴仆、舆丁也。

——卷五

　　如图 10-4 所示，除太守外，所有随从都是一身白衣。其中两名在太守坐轿两边的"长袖戴凸冠"者为下官人，队伍中最后三人"植孔雀尾、垂赤毛"的为步吏，"笠垂耳上"者共有七人，其中六人为舆丁即轿夫，另一为执伞的奴仆。

　　《日记》接着写道：

　　童子四五人陪扈于轿前，一童肩挂印绶，一童提唾壶，一童挟席，一童持烟管与烟匣。卤簿吹喇叭唢呐。

——卷五

图 10-4 太守及其随从 (一)

图 10-5 中的四名童子也皆里穿白衣，外加紫色上袍。他们的工作是挂印绶、提唾壶、挟席、持烟管与烟匣。另四名卤簿（仪仗队）人员，头顶黑色凸冠，内着白衣白裤，外加蓝色长袍。

图 10-5 太守的随从 (二)

三、白衣女人

《日记》的 1819 年 11 月 14 日中，还绘制了两幅朝鲜女性的图画，分别为《妇人戴水桶图》和《处女图》。

（一）妇人戴水桶图

因日语中的"戴"与"顶"可以通用，所以所谓的"戴水桶"就是头顶水桶之意。图 10-6 的说明文为："贱女持物必戴，已嫁者着白衣。"头顶物是朝鲜族的习俗，而在日本人眼里认为是"贱女"才有此风俗。一般来说，头顶重物时，会用上一个被称为"窭数"的草垫圈，以便载物。我国也有民族持此习俗，所以"窭数"乃起源于中国。但图 10-6 看不出来有无此器具。"已嫁者"即贱妇一般身着白衣。日本漂流民何来此一认识？笔者推测可能是受"朝鲜人因为贫穷买不起染料"即尚白原因的"贫穷说"之影响而来。不难想象，这种认识不仅限于本次的数十名漂流民，许多日本民众也许都有此一共识。

（二）处女图

图 10-7 中绘有两名处女，长辫子，红头绳，其中一人头顶包袱，右手予以协助。图画的说明文为"处女必着青衿衣"，所谓"青衿"，出自《诗经·郑风·子衿》中的诗句"青青子衿，悠悠我心"，古指读书人，但也寓意穿青色衣服的人，多指青少年。

图 10-6 妇人戴水桶图　　　　　图 10-7 处女图

《处女图》中的两名少女虽然上衣穿着青衿，其实里面还是一身的白色服装。可见，白衣确实是朝鲜民众喜爱的着装之一。

四、挟物平士

《日记》在 1819 年 7 月 26 日条中，描绘了一位挟带刀笔墨纸的平士图，图片本身没有名称，笔者暂名为《挟物平士图》（见图 10 - 8）。

图 10 - 8　挟物平士图

图的说明为"朝鲜人挟刀笔墨纸于袜也。如□人，则不然。下吏、地官等平士往往如此。"如图 10 - 8 所示，这种在袜子里夹带文房四宝的习惯只是在低级官吏即平士中可见，否则不然。平士虽身着紫色上衣，但里面为一袭白衣，包括白色的袜子。因要夹带物品，所以袜子应为长筒白袜。可见，不论男女、婚否、地位如何，尚白是整个民族共有之习俗。

第二节　时髦的水军金节制使

1819 年 7 月 27 日，日本一行 25 人在回送的途中经过万顷地古群山镇，

驻扎该镇的水军金节制使赵大永出面做了接待工作。在双方交流过程中，赵
大永的衣着打扮引起了日本人的关注，他"肤着白煖袖，袭之以蓝色纹罗，
其袖赤纹纱，又复之以青纹纱衿衣，以金玉纽其衽红带结胸下"。这在《日
记》中留有专门的画像，并做了特殊说明。说明文和画像全文如下（见图
10－9）：

　　大永唯知妆衣服，是此初来见之衣服也。里衣则常日韩人所服之煖
袖，而表衣着蓝色纹纱，而袖即红纹纱，衿衣水色纹轻罗。后日以之问
对州官，则曰："非礼服，盖野服而且鞑①服也。"

图 10－9　古群山镇水军金节制使赵大永图

　　看来，这位水军金节制使赵大永很懂得打扮自己，比较讲究衣着的搭配。
图 10－9 所示是他初次见到日本人时的穿着。头顶竹皮冠，彩色冠缨，美髯
飘逸。外套为蓝色纹纱，红纹纱袖，衿衣水纹轻罗。其内佩带了一般韩国人

_____

　　① 鞑：古代对中国北方游牧民族的称呼。

经常使用的煖袖，并配以红色腰带，显得格外与众不同。对赵大永的装束，好奇的日本人日后询问对马岛的官员，对方回复说赵大永穿着的不是礼服，大概是便服，而且是来自"鞑靼"的服装。这里的"鞑靼"应该是指满族，也就是说，至迟到了 19 世纪初，满族的服饰在朝鲜也有一定的影响。

这位穿着考究的赵大永，"每来于我船，衣服日变"，即每次的服装都不相同。八月六日，赵大永又来见日本人。这次的穿着与之前大有不同，只见他"衣毛裘，其毛白质黑文，里毛表绢，其色黧①黄，大永曰：'吾之毛裘，外非贵国之织耶。'余曰：'吾国亦产之也，名曰：琥珀织也。能似之。'"身穿一袭名贵的毛裘，并自傲声称它并非来自日本。然安田义方也不客气地回复说，日本也能生产，名曰琥珀织，基本类似。

第三节　冠履提物

《日记》在朝鲜人士的头冠足履、随身提物的记载和图绘上，也用墨不少。

一、官人抹头

图 10 - 10 名《韩国官人抹头图》，实际上是安田义方根据太守尹永圭的装扮而画的，所以图的说明也是与太守相关，即"抹头以马鬣造，耳上有玉环，即庇仁太守所用"。值得关注的是文中的"马鬣造"三字，这词语本来专指坟冢形状的一种，及中间凸起，四周平整。如图 10 - 10 所示，尹永圭的抹头除中间一束头发扎捆高高凸起外，其他头发随着头型非常规整地进行了梳理。从《日记》中所记的众多朝方人士来看，大多对日本人没有留下良好印象，唯独太守一直是正面评家，但这里把太守的抹头比作"马鬣造"，似乎有一种揶揄之感。当然，官人抹头的精致之处在于耳上的玉环，应该是一边一个，主要作用估计是用于纱帽的固定。

---

① 黧：黑里带黄的颜色。

图 10 - 10　韩国官人抹头图

二、纱帽

上述整齐的抹头处理主要是为了佩戴官员的纱帽。《日记》中对韩人纱帽的解释为："官人上下皆戴诸抹头上。耳上有金环，即古群山镇嘉善太夫所用。其他，虽官人，用真鍮环，如戒指者。"也即凡是官员，皆戴纱帽于抹头之上。如图 10 - 11 所示，纱帽呈现半透明状，可清晰见到抹头的形状。该图是根据古群山镇嘉善太夫的纱帽而绘成，与之前太守所佩带的玉环不同，他所用的是金环。但是，并非所有官员都佩戴这类高级的锁环，一般官人用的是类似戒指的铜制环扣。

三、竹皮冠

《日记》的相关记载告诉读者，朝鲜官人的官帽佩戴比较复杂，并非直接扣戴抹头之上，而是在纱帽之外。正如图 10 - 12 所示，官人戴冠很有讲究。

图 10 - 12 右边的《韩人戴冠图》的说明为："此所图，即庇仁太守尹永圭之真像也。朝鲜人皆抹头而加纱帽，而戴竹皮冠。其冠漆涂，其细如织，其缨贯玉，其黄如琥珀，其文如玟瑁。"右图是尹永圭的真像，最外佩戴的是

图 10 – 11　韩人纱帽

图 10 – 12　《韩人戴冠图》与《上官人全图》

竹皮材质的官帽，而其内当然是一丝不苟梳理的抹头和纱帽。文中所提的
"竹皮冠"，在中国又称"长冠""斋冠""刘氏冠"（刘邦发明）等，一般认
为是用竹皮或竹笋皮制成。从上文"其细如织"四字来看，用竹皮即青篾编

制而成的可能性很大，与头皮接触之处应该是用皮质材料，以增加佩戴的舒适性。官帽涂成漆黑色，冠缨穿玉，颜色黄如琥珀，而花纹犹如玳瑁。

图 10－12 左边的《上官人全图》说明文为："水营虞侯、莲幕①从事、折冲将军②等皆如此，而缨系水晶。"除了太守之外，一般的官人冠巾皆如图中所示，官帽从外形来看，与太守的并无多大区别，但区别就在"冠缨"上，太守用的是玉，而其他人用的只是水晶而已。

对于竹皮冠图，《日记》中还有更详细的图绘，即《竹皮冠图》（见图 10－13），其说明文为："缨用蓝色，小苎索。"即冠缨为蓝色，系用苎麻搓成。

图 10－13　竹皮冠图

四、步吏冠

《日记》中对韩国步吏冠有如下的绘图和说明（见图 10－14）：

---

① 莲幕：官职名。
② 折冲将军：武官名。

图 10 - 14 步吏冠

说明文为:"表如哆啰绒之鹿,里如倭缎。植孔雀尾,垂赤毛,毛即象毛红染□。"文中的"哆啰绒"即哆啰呢,为一种较厚的宽幅毛织呢料,即步吏冠的外面用哆罗呢做成,看起来比较粗糙,而里面却用的是类似倭缎的皮料。那么,"倭缎"又是一种怎样的布料呢?明代方以智在《物理小识》中做如此记载:

> 倭缎则斳绵夹藏,经面织过,刮成黑光者也(白下仿倭缎,先纬铁丝而后刮之)。①

倭缎是一种高级纺织物,其纺织技术起源日本,也曾作为贡品流入我国。但从明代开始,倭缎在中国各地被广泛仿制,成为名贵之物。上述引文中提到的"白下"即现在南京一带就是主要的生产地。以至到了清代,倭缎成了权利、财富的象征,甚至堕落成为奢靡与邪恶的标志。② 因此,韩国步吏冠里层的材料相当考究。两旁竖插孔雀羽毛,中间垂下一缕红色的象毛。这种由

---

① 方以智:《物理小识》卷六"衣服类"。
② 张哲俊:《〈红楼梦〉与清代小说中的倭缎》,载《红楼梦学刊》,2003 年第 4 期。

红、绿、黑三色组成的步吏冠非常具有民族特色，所以在日本人眼里看来，觉得很新奇，特别在《日记》中做了详细记载。

五、卒冠

1819 年 7 月 23 日，当安田义方看到韩国兵卒的帽子后垂赤毛时，不禁问了韩方这"赤毛"的情况，这在《日记》的同日条中有如下记载：

> 余问曰："下隶冠上之赤毛，则所染涂耶？又元赤毛耶？又非毛而他物耶？"基舫曰："象毛也，以染赤也。"余问："赤色久可保耶？赤色久不变耶？"基舫曰："邦法表也，则改染。"

询问的对方是庇仁县地方官金基舫。从回答中可见，不管是前面的步吏冠中的"赤毛"还是兵卒帽子中的"赤毛"，都确实是染红的象毛。如果变色了，则重新再染。

图 10 – 15《卒冠图》中注明"每郡县各异其形"，即各郡县的卒冠是不同的。如图 10 – 15 左边所示，也有没有红象毛的，质地也略有不同，一般"用锦布或哆啰绒、山鼠毛皮类"做成。

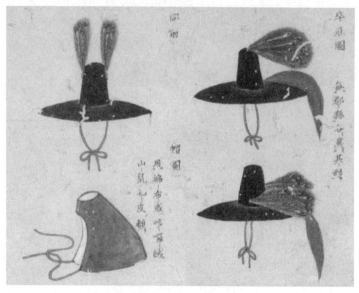

图 10 – 15　卒冠图

六、鞋袜

安田义方对朝鲜人的衣着打扮观察十分仔细，连鞋袜、随身携带的唾壶、纸袋等——都有记载。首先是关于鞋袜的记载，配有绘图《足衣着履图》（见图 10 - 16），旁注文字如下：

> 袜之指头如胥，袜带结脚腕，足衣及胕胹。

首先是"足衣"，这应是日语词汇，类似"足袋"（Ta bi），我国经常翻译成袜子，但实际上有较大区别。一是足衣的材质可以是丝绸、棉布，也可以是橡胶，它不仅可以作为袜子穿着，也可以直接下地行走、劳作。二是大脚趾一般与其他四脚趾分开，便于穿着木屐、鞋子。

图 10 - 16　鞋袜、唾壶图

《足衣着履图》中的鞋子前部有一圆形小洞，穿着足衣的指头从此圆洞外露上翘，恰如鸟嘴。带子绑在脚踝，较好地防止了足衣的上下滑动。足衣的长度一直到"腽腙"即"胭膝"之处。

左上方的革履为庇仁太守之履。"大抵履鼻通窍，而袜帮出。"但是，下官人的"足衣"就不同了。下官人以下，"皆着稿履"，即所谓的草鞋。

无独有偶，日本正仓院的藏品中，有一被称为"圣武天皇御舄"的珍品（见图 10 – 17）。所谓"舄"，即日本《令义解》中称的"高鼻履"，是一种足尖修饰得非常高的履。而在日本大宝元年（701）制定的《大宝律令》之《衣服令》中有规定，文官着礼服时要穿"舄"，而高级武官则穿靴。"圣武天皇御舄"虽是一双红色质地镶嵌玉珠的御舄，但在款式上与普通的舄应是大同小异，无非普通的舄是用黑色皮革制成而已。也就是说，庇仁太守的革履有些类似日本普通的"舄"，它们都受到了我国唐朝衣冠制度的影响。可见，朝鲜即使到了 19 世纪初，在衣冠制度上仍然保存了相当的古风。

图 10 –17　圣武天皇御舄

七、提物

还有两样物品也是当时韩国人随身携带的，一是"桐油纸袋"（见图 10 –18），安田义方认为"韩人上下皆佩之，燧具、艾或烟草类纳之"。不论职位高低，一般都携带这桐油纸袋，里面装的是取火工具、香烟之类，可见，当时韩国官员中抽烟的人不在少数。再一物品就是比较特殊的"唾壶"，它"以输造之，以蓝色小苎索绁之，兼为便器"。所谓的"唾壶"，也就是相当于痰盂兼便器。

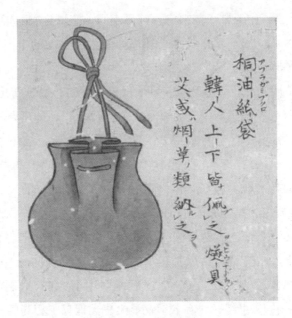

图 10 - 18　桐油纸袋

第四节　互赠织物

在萨摩船只漂到庇仁县马梁镇后直至离开，日朝之间有许多的交流，互赠礼物就是其中一项。本节就与主题有关的纺织品做一探讨。

一、芭蕉布

所谓"芭蕉布"，即采用线芭蕉（见图 10 - 19）细长坚韧的纤维编织而成的布匹，乃琉球王国最具特色的纺织物之一，据称 13 世纪左右已经开始生产。因取材天然、凉爽透气而闻名东亚地区。在琉球王国时代，芭蕉布曾是向明清朝贡的上佳贡品，也是琉球百姓最常用的夏季服饰原料。

嘉庆五年（1800）出使琉球的李鼎元在《使琉球记》的七月初六日条中，对芭蕉的果实、花瓣、穗须都做过详细记载：

是日食品有蕉实，状如手指，不相属，色黄味甘，瓤如柚，亦名甘露。闻初熟色青，以糠覆之则黄，与中国制柿无异。其花红，一穗数尺，

图 10 – 19 芭蕉布的原料线芭蕉

瓣须五六出。岁实为常，实如其须之数。中国也有蕉，不闻岁结实，亦无有抽其丝作布者，或其性殊歀。①

由于芭蕉对琉球人来说是一种非常珍贵的植物，自然受到保护，甚至不惜编造怪谈变相来表示对芭蕉的敬畏。据称在琉球，倘若在夜里经过大片的芭蕉树就会遇见妖怪，这种妖怪被称为"芭蕉精"。芭蕉精只是吓人，行人没有性命之虞，身上如果带着刀，就能起到辟邪的作用。琉球人禁止女性在晚上六点之后走进芭蕉丛，据说一旦走进去就会遇见化作美男的妖怪，之后一定会怀上妖怪的孩子，十月怀胎之后会生下一个青面獠牙的鬼婴。不仅如此，之后每年都会产下一个这样的婴儿。据说用山白竹的粉末就能杀死鬼婴，所以当地家家户户常年准备着山白竹。②

清代琉球册封使徐葆光在《中山传信录》卷第四中，对芭蕉布有以下记载：

---

① 李鼎元：《使琉球记》，韦建培校点，陕西师范大学出版社 1992 年版，第 107 页。
② 于淼编著：《图画百鬼夜行》，北方文艺出版社 2018 年版，第 310 页。

各色锦帽、锦带本国皆无之。闽中店户另织市与之。本国惟蕉布，则家家有机，无女不能织者。出首里者文采尤佳，自用，不以交易也。

可见，芭蕉布在琉球非常普及，甚至无女不能织。但是，质地良好的首里蕉布只做自用，不用来交易。所以市面上也应该鲜见。

同书的卷第六"物产"中，再次提到芭蕉布的重要性：

家种芭蕉数十本，缕丝织为蕉布。男女冬夏皆衣之，利匹蚕桑。

在琉球人眼里，芭蕉布简直可与丝绸相媲美。

关于"中岛蕉园"，徐葆光曾留有诗一首，诗文说："蕉影墙头合，人家住绿云。机声织明月，幅幅冰绡文。"[①] 图 10 - 20 为周煌《琉球国志略》首卷"图绘"中的"中岛蕉园"。

图 10 - 20　周煌《琉球国志略》首卷"图绘"中的"中岛蕉园"

而日本江户时代的寺岛良安在其《和汉三才图会》中，也有对"芭蕉布"的专门介绍（见图 10 - 21）：

---

① 潘相：《琉球入学闻见录》，文海出版社 1983 年版，第 399—400 页。

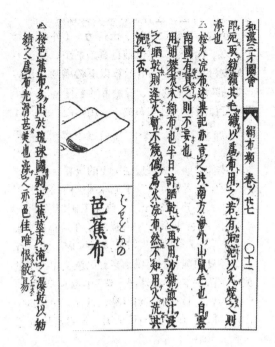

图 10 – 21　《和汉三才图会》中的"芭蕉布"

　　按：芭蕉布多出于琉球国，剥芭蕉茎皮淹之瀑干，以纺织之为布，光滑甚美也。染之，亦色佳，唯恨敝易。①

　　据有关研究表明，每一株可以采取纤维的线芭蕉大概需要 3 年才能长成，而织造一匹芭蕉布所需的线芭蕉数量大约为 200 棵，足见来之不易。芭蕉布的制作工艺流程大约为：原株剥皮、纤维前处理、水洗、分剥、干燥、绕卷、绩线、绕纬、捻线、整经、精炼、绗的准备、扎经纬、染色、整线、穿综、织造、后处理等 20 多个工序。② 图 10 – 22 为现代芭蕉布。

　　从清代众多的涉琉文献可以发现，琉球国内普遍种植芭蕉，从皇族到百姓，也都有穿着芭蕉布的习俗。芭蕉布在琉球王国的广泛应用和由此累积的

---

① ［日］寺岛良安：《和汉三才图会》卷 5，平凡社 1986 年版，第 116 页。
② 崔岩、刘元凤、郑嵘：《日本传统织物艺术之旅——以东京、冲绳两地为例》，载《艺术设计研究》，2016 年第 4 期。

图 10 - 22　现代芭蕉布

精妙技术，为后人和邻国提供了优秀的传统技艺和学习之处。①

在《日记》的 1819 年 7 月 8 日中，有日方赠送朝方人士芭蕉布的相关记载，原文如下：

> 余与日高、川上相议，而赆膺祜以芭蕉布二匹。膺祜固辞，曰："以主赆客，古之礼，而以客赆主，事反其礼，却虽不恭，惟希亮在。"余曰："恭承示旨，我辈为客，而以赆。则虽似非礼，而贵君先我辈别焉，暂留此地者，我辈也。无辞而汲微意，则多幸。然而物固菲品，非强之也。但敢再述卑情，伏愿受用也。"膺祜曰："礼云礼云，岂在玉帛哉？尊等芳情，已领受于无物之前，何必在物，愿还收，以安此心。"

引文中的"余"即安田义方，他与日高义柄，川上亲诀商议，决定赠送给朝鲜忠清道巡察使裨将李膺祜芭蕉布两匹。从文中的"相议"一词可以推测，芭蕉布并非真的"菲品"，应该是比较贵重的物品之一。上面已经提到，芭蕉布是琉球王国的特产，而这次萨摩藩三人赠送给朝鲜官员的不是日本特产，而是琉球特产，说明了侵占琉球王国的日本人也以芭蕉布为重。

然而，非常注重礼数的李膺祜开始并不接受日方的礼物，在日本人的劝慰下，才勉强收下。

---

① 岑玲：《清代档案所见琉球漂流船之船货——以芭蕉布为中心》，见陈硕炫、徐斌、谢必震主编：《顺风相送：中琉历史与文化——第十三届中琉历史关系国际学术会议论文集》，海洋出版社 2013 年版，第 231 页。

《日记》的七月二十六日，还有赠送芭蕉布的相关记载，详情如下：

> 余与二子议，而赠太守及金使环盆各二枚，芭蕉布各二匹。虞侯环盆一枚，芭蕉布一匹。各表题封纸，且书所以表寸志矣。太守固辞，余强之。

如同前次，赠送礼物之事，也是三位日本官员商议的结果。本次赠送芭蕉布的对象有三人，其中太守尹永圭、金使李东馨各二匹，而虞侯崔华男得到的芭蕉布是一匹。太守开始固辞，在安田义方的再三要求下，才收下。三份礼物都有题签，上书表示感谢之言。

二、棉布

日方送给朝方的织物中，芭蕉布是最主要的，而朝方送给日方的织物中，又是什么？《日记》的 1819 年 9 月 25 日中，有如下记载：

> 东莱府使，又使李德官来赠棉布数匹。德官示其目录，且点阅其数，目录如左：代官白木参匹，附役白木贰匹，从人及沙格等二十二人，各白木一匹，合白木二十七匹。

如上所示，朝方的礼物为用白木做的棉布，并根据职位不同，匹数各有差异，其中代官三匹，附役二匹，从人及船员每人一匹，合计白木棉布 27 匹。虽然不清楚"白木"到底是哪种植物，但很有可能就是一种白色植物纤维织成的棉布。

《日记》同日条，还有以下记载：

> 己卯九月日，东莱印文同前玉色绵绸伍拾二尺，去核棉花二斤，药果七拾立①，药醪②一瓶，鸡五首，鸡卵一百个。余以病不接李德官。

---

① 立：可能通"粒"字。
② 醪：浊酒。

东莱府（即今日釜山）派遣该府金知李德官给日人送来以上物品，其中包括"玉色绵绸"即白色绵绸伍拾二尺。可见，不管白木棉布还是玉色绵绸，朝方纺织品种，白色真的可能是主色调。

第五节　结语

嘉庆二十四年（1819）因萨摩藩一次偶然的海难而留存的详细漂流日记，使得我们有了探究 19 世纪初朝鲜服饰文化的一手史料，从而也可管窥同处东亚文化圈内的日本人，究竟是如何认识和评价朝鲜衣冠制度的一斑。综上所述，有以下几个简单结论：

一、尚白习俗普遍

历经生死劫难的日本人一开始并不知道究竟漂到了何处，但自从"白衣人群"出现后，马上就意识到自己应该是在邻国朝鲜。以此看来，朝鲜人尚白之习俗广被日方所熟知。日方的亲身经历也再次表明，无论是首次登场的太守，还是其一大批随从，抑或平时见到的平民百姓，白衣的身姿是最常见的。而且即使身穿非白外套，但内装往往仍以白色为主。此外，女性穿着白衣还有一定的规定，根据身份高低、婚嫁与否决定是否穿着白衣，能否穿着白衣。

二、冠缨制度明确

以太守的竹皮冠为首，步吏冠、卒冠等无论从外形、构造、材质、颜色都有明确区分。在佩戴这些有身份标志的冠缨前，抹头的梳理、纱帽的配用都是必不可少的工序。

三、足履提物有别

根据身份不同，足履不同，太守使用革制物，而一般官人只能用草履。鞋子也很有特色，前段开一小圆洞，以露出足衣（袜子一类）。足衣也与日本有差，朝鲜的比较长，一直到胭膝为止。在随身携带的物品中，桐油纸袋最为常见，官人几乎人手一个，主要装的是香烟和火机。而唾壶，虽然没有明确提到人皆有之，但应该也是比较普遍，它的作用是痰盂兼尿壶。仅此习俗我们不难推测，朝鲜的公共卫生习惯较好，管理别具一格。

四、服饰文化多样

从水军官员赵大永每日不同的着装可以看出，朝鲜官员的着装制度相对自由，并无严格地统一。而且，从其爱穿"野服"判断，当时除了汉族的衣冠制度对朝鲜有很大影响外，满族的服饰制度在一定程度上也在朝鲜流行。

五、互赠特色织物

在日方送给朝鲜人士的织物中，几乎是清一色的琉球王国特产芭蕉布。而朝鲜方回赠日方的织物中，主要是白木棉布。充分体现了各地的面料特色和纺织技术的发展水准。

"纵有衣冠殊制度，好将纸笔语诗书。仗剑侍童左右列，大夫风彩鲜君如。"这是1819年7月4日太守尹永圭赠予安田义方的诗文，文中表示，虽然朝日两国衣冠制度不同，然通过"笔语"即汉文笔谈仍然可以相互沟通。侍童执剑站立两旁，论大夫风采，难及你安田义方啊。

关于朝鲜的衣冠制度，在1819年7月12日的朝鲜人李宗吉、金基昉、张天奎与日方的笔谈中，也有提及，即"我国（朝鲜）殷国之末，箕子都于我国平壤，教人礼义，衣冠文物，皆遗制也"。在朝鲜文人看来，如今的礼义、衣冠文物制度皆来自箕子，也即受中国文化的影响至深至极。这也正如同年7月17日，忠清道庀仁曹喜远在诗中所言："鲸涛鳄浪远于□（一字不明），宾主东南此会嘉。帆报我邦消息日，衣冠文物小中华。"

第十一章

"职贡图"与东亚诸国服饰文化

在中国绘画史脉络中，曾以"职贡图"这一画题来表达外国来朝的丰富景象。最早职贡图为梁元帝萧绎创作，原作已失传，有三套北宋时期的摹本传世。① 该画题为历代君王所重视，宫廷画家创作职贡图层出不穷，比如，宋代有李公麟的《职贡图》，记载了占城、渤泥、朝鲜、女真、三佛齐、罕东、西域、吐蕃等。元代、明代都有画家画《职贡图》，一直到清代还有苏六朋的《诸夷职贡图》，传世最晚为清朝《皇清职贡图》。"绚绘衣冠，广述怀来"，这是职贡图绘制的主要目的。仔细审阅每幅职贡图，不难发现绘者总是通过辨识度较高的服饰文化来配合长相、身材、土贡等综合刻画国内各民族及周边国家地区的人物特征，因此，无论绘者还是读者，首先都会被款式各异、色彩斑斓的服饰所吸引，这也恰恰印证了我国常言的"人靠衣装，佛靠金装"这一俗语。鉴于此，本章拟以我国历代主要的几幅职贡图为例，重点探讨这些艺术作品中所绘的东亚诸国服饰文化。

第一节　萧绎《职贡图》

最早的职贡图出自梁元帝萧绎之手，原图共35国使者，现仅存残卷，其中描绘了12位使者朝贡时的形象，依次为滑国、波斯、百济、龟兹、倭国、狼牙修、邓至、周古柯、呵跋檀、胡密丹、白题、末国的使者。画面中，使臣着各式民族服装，拱手而立。从使臣们风尘仆仆的脸上，可以看出各国使

---

① 沈煜：《〈职贡图册〉之考鉴与图题辨正》，载《中国国家博物馆馆刊》，2019年第5期。

臣来到南朝朝廷朝觐时既严肃又欣喜的表情,同时也传达出不同地域和民族使者的不同面貌和精神气质。每一位使者背后,亦有一段叙述其国家方位、山川、风土以及历来朝贡情况的题记。此件《职贡图》又名《番客入朝图》或《王会图》(旧题阎立本,北宋摹本),真实展现了南北朝时期国家间友好往来的繁盛场面。

与东亚有关的国家现存两个,其中倭国使者的形象在第二章已有所涉及,在此结合图像的说明,再做简略分析。

图像的说明如下:

> 倭国在带方东南大海中,依山岛为居。地气温暖,出珍珠、青玉,无牛、马、虎、豹、羊、鹊。男子皆黥面文身,以木棉帖头,衣横幅无缝,但结束相连。好沉水捕鱼蛤。妇人只被发,衣如单被,穿其中,贯头衣之。男女徒跣,好以丹涂身。种稻禾、麻苎、蚕桑。出绤布、缣锦。兵用矛、盾、木弓箭,用骨为镞。其食以手,器用笾豆。死有棺无椁。齐建元中,奉表贡献。①

上文有不少关于倭国服饰文化的记载,那么,《职贡图》倭使题记的内容是梁元帝讯访所获,还是源于史籍,抑或是兼而有之?

首先来对照《职贡图》倭使题记和《梁书·诸夷传》"倭国传"的内容,两则材料在内容和表述上差异颇大,甚至还有相互矛盾的地方。《梁书·诸夷传》"倭国传"记中的部分内容也是《职贡图》中倭国题记所没有的。如《职贡图》倭使题记载:"男子……以木棉帖头,衣横幅无缝,但结束相连……妇人只被发,衣如单被,穿其中,贯头衣之。"而《梁书》载:"富贵者以锦绣杂采为帽,似中国胡公头。"以此观之,在倭人服饰记载的取材上,《梁书》与《职贡图》倭使题记不可能是同源。因此,《梁书·诸夷传》中"倭国传"的内容并非取材于《职贡图》中的倭使题记。

其实,仔细比对梁元帝《职贡图》倭使题记内容与《三国志》及《后汉书》等史籍中的倭国记载,可以发现《职贡图》中的信息并无梁元帝访采的

---

① 葛金烺:《爱日吟庐书画录》,见徐娟:《中国历代书画艺术论著丛编》第27册,中国大百科全书出版社1997年版,第636页。

新材料。由于在梁朝时期倭国并未派遣使者来梁，所以萧绎在《职贡图》中倭国题记需要根据《三国志·魏书·倭人传》的内容来撰写。而姚思廉在撰写《梁书》"倭国传"记之际，却未采用《职贡图》题记的内容，这有可能是因为《职贡图》倭使题记史料价值不高，无新材料，故舍弃不用。① 鉴于以上分析，我们大致可以认为，萧绎《职贡图》中的倭国形象是根据《三国志》中的有关描述来摹写的，并非萧绎亲眼所见或有新资料补入。

学者韩昇也指出，萧绎《职贡图》的倭国使者图所绘倭使，蓬头跣足，服装简陋。考南梁一代，未见倭使入贡，遂通过文献记载来构图。图中所画形象，与《三国志》所载倭人服饰基本一致，足见此图乃是根据《三国志》记载而想象创作的，恰好证明《职贡图》最迟不可能晚于南朝，亦不可能早于曾有倭使入贡的宋代。②

通过《职贡图》中的国使形象主要是服饰文化可以判定该国的文明与开化程度，其实国使的排位也反映了东亚各国在南朝对外关系中的国际秩序与地位。现存的 12 幅外国使者中，东亚诸国的排位依次为百济、倭国，而李公麟所见的排位则为百济、龟兹，吴升所见的为百济、倭国、高句丽、新罗，可见，百济始终排名第一。传统意义上的东亚诸国排位往往是高句丽、百济、新罗、倭国，但《职贡图》所反映的东亚国家顺序发生了很大的变化，百济成了第一，其理由为在南朝梁代以前，东北这些国家里，对中国来说最重要的就是高句丽。但到了这时，百济越过北方的北魏，能直接通过海上和南朝梁代沟通，而且也成为中国和日本之间沟通的桥梁，地位越来越重要，所以，百济就被放在前面了。③

当然，有学者研究认为，《职贡图》题记以及南朝系史书缺载了百济与北朝的通使，造成一种百济只和南朝外交往来的假象。其实，种种迹象表明百济的对外联系具有多元性。④ 因此，我们在考察这些国家的服饰文化之际，也应注意到因这种潜在的"假象"所导致的美化抑或丑恶因素。

那么，"百济国使"的服饰文化又是如何？

---

① 莫莹萍、府建明：《梁元帝〈职贡图〉"倭国使"题记二题》，载《北华大学学报》（社会科学版），2016 年第 4 期。
② 韩昇：《萧梁与东亚史事三考》，载《上海社会科学院学术季刊》，2002 年第 3 期。
③ 葛兆光：《描述天下的〈职贡图〉》，载《人才资源开发》，2017 年第 5 期。
④ 冯立君：《百济与北族关系问题》，载《韩国研究论丛》，2016 年第 2 期。

来看服饰部分的相关记载（见图 11-1）："言语衣服略同高丽，行不张拱，拜不申足。以帽为冠，襦白复衫，袴白裤。"而画像中的百济国使者的头冠土黄色，因为脱色，原本的两翅羽毛不太明显。冠带在耳朵前结束，在下颌打结，呈土黄色。身着交领蓝袍，领、袖、袍边均为褐色，下裤略呈土黄色，裤腿边缘为橙红色，乌色双靴。

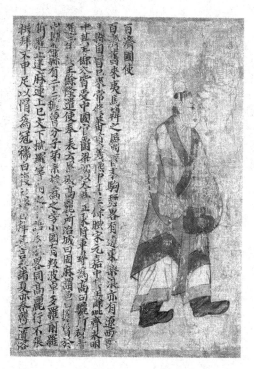

图 11-1 萧绎《职贡图》中的百济国使

不难发现，百济使者总体衣冠整齐，脸部丰满圆润，表情温和端详，态度恭谨，与倭国使者存在较大区别。

第二节 仇英《职贡图卷》

图 11-2 所示《职贡图》卷由明代仇英绘制。画卷描绘边疆民族进京朝贡的场景。引首为许初篆书"诸夷职贡"，后依次描绘十一支朝贡队伍：九溪十八洞主、汉儿、渤海、契丹国、昆仑国、女王国、三佛齐、吐蕃、安南贺、

西夏国、朝鲜国。卷后有文徵明、张大千、吴湖帆、张乃燕跋。此卷现藏于
北京故宫博物院。

图 11 - 2　朝鲜国朝贡图

图中场景壮观，冈峦宛转，陂陀起伏，松柏掩映，藤萝飘拂，云烟浮动，
流泉映带，殊方异域之物、形形色色之相，令人目不暇接。人物之勾勒、鞍
马之描绘、树石之布置、云水之点缀，或运笔简古，或刻画细腻。赋色则以
青绿为主，间以五彩，清古冶艳，堪称仇英的精工之作。

朝贡队伍共有 28 名朝鲜男子，服装各异，皆为上衣下裳（见图 11 - 3 局
部放大图），其中白衣者 7 人，其余上衣以蓝、紫为主，圆领窄袖，腰间束
带，带子分两种，一是白布条子，另一为黑白相间的腰带。内衣以白居多。
裤子以深蓝、土黄居多，足蹬靴子。其中两人袒胸露肩，看似童子。15 人戴
帽，其中白帽 9 人，最多，黑帽 5 人。领头者的服饰特别，头戴彩色环装尖
帽，身披土黄色风衣。裹蓝色头巾者 4 人，举旗者居多。免冠者 9 名，皆髡
发秃顶。众人耳朵两侧上方皆留有细小辫子，神态各异，有 7 人的脸色黝黑。
可见，朝贡队伍中掺杂了朝鲜国的各民族、各职业人群。

图 11 – 3　朝鲜国（局部放大）

第三节　《万国来朝图》

《万国来朝图》（图 11 – 4 所示为其局部）由清代宫廷画家创作。画卷描绘了清乾隆时期藩属及外国使臣在新年伊始携带各种珍稀贡品，聚集太和门外等待觐见乾隆皇帝。作者以鸟瞰的角度从太和门前的两个青铜狮子画起，将紫禁城中的主要建筑依次呈现。在大雪的银装素裹之下，整个场面层次丰富，宏伟壮观。此卷现藏于北京故宫博物院。①

现存世的《万国来朝图》共计四幅，乾隆二十六年（1761）题识的一幅和《胪欢荟景图册·万国来朝》分别是为庆祝崇庆太后七旬（乾隆二十六年）、八旬（乾隆三十六年）万圣盛典而作。另外的两幅，一张画乾隆于养心

---

① 关于《万国来朝图》的研究，可参见姜鹏《乾隆朝"岁朝行乐图""万国来朝图"与室内空间的关系及其意涵》（中央美术学院硕士学位论文，2010 年）、万伊《清代职贡图像研究——从〈皇清职贡图〉出发》（中央美术学院硕士学位论文，2018 年）、韩毓芝《构筑理想帝国〈职贡图〉与〈万国来朝图〉的制作》（载《紫禁城》，2014 年第10 期）等。

图 11 –4 《万国来朝图》局部

殿内守岁，装饰于养心殿明窗，一张画他在宁寿宫守岁，装饰于养性殿明窗。后者创作于乾隆四十年，前者不确定，或在乾隆二十五年、三十一年、四十三年的三幅之一。①

《万国来朝图》包含了远西诸国（荷兰、英吉利、法兰西）、周边诸国（日本、朝鲜、安南）及千蛮百夷（台番、百濮、西藏、回部），而荷兰、英吉利、法兰西又都是带口子边的，直接反映了清朝以天朝上国自居的心态。该画作在大雪银装素裹下更加庄严雄伟；太和殿前皇家侍卫身着华服、排列整齐，文武百官肃立静候待命；乾隆帝安闲地坐在后宫屋檐下靠椅上喝茶休憩，准备前往太和殿接见各国使臣；后宫人物众多，女眷们身着吉服三五成群或闲聊，或看热闹，孩子们兴高采烈地或嬉戏，或放鞭炮，太监宫女们各司

---

① 姜鹏：《乾隆朝"岁朝行乐图""万国来朝图"与室内空间的关系及其意涵》，中央美术学院硕士学位论文，2010 年。

其职或忙碌于元旦准备工作，或穿梭于庭院回廊；各国度、各民族朝贺宾客穿着艳丽的服装，外貌气质各自不同，带着琳琅满目、五花八门的贡品云集在太和门外，在左右两侧指定区域内人头攒动、等候乾隆皇帝的接见。队伍前面有一只经过精心装扮的高大威猛的大象显得神气十足，大象上坐着一人正与同伴交谈着什么。画面将万国来朝的宾客们巧妙地安排在画幅四分之一处的右下角，延展出画外仍有众多宾客，场面宏大十分热闹。

《万国来朝图》中与东亚有关的朝贡队伍有朝鲜、琉球、日本三国。先来看朝鲜的朝贡队伍。

朝鲜国共有使臣 7 人，位于缅甸国之后，排名第二（见图 11-5）。1 人举国旗，5 人手捧方物，剩余 1 人空手，应为使团头领。5 人佩戴黑色宽沿圆毡帽，2 人头戴乌纱官帽，全员身着明风服饰，表情温和儒雅，堪称外国朝贡使臣的佼佼者（见图 11-6）。

图 11-5 缅甸、朝鲜朝贡队伍

接着是琉球国，共有使臣 6 名，皆头戴黄绫绢折圈帽，1 人擎旗，2 人手捧贡物，最前者当为使臣之长，其服饰风格与其余 5 人相去较远。脸型与朝鲜国有较大区别，异族风格明显（见图 11-7）。

日本国在东亚三国中排名最后，这也反映出当时朝鲜、琉球、日本在清朝对外关系中的地位和重要程度。使团成员只有 2 名，1 人拿旗，1 人是否手捧贡物不得而知。身着日式服装，从两人比较稚嫩的脸型来看，不像官员。

图 11 -6　朝鲜国（局部放大）

简陋的朝贡队伍，随意的服装，充分显示出日本当时与乾隆朝时期的简慢国际关系（见图 11 -8）。

图 11 -7　琉球国朝贡图　　　　　　　图 11 -8　日本国朝贡图

第四节 《皇清职贡图》

所谓《皇清职贡图》，就是向清政府奉表纳贡的少数民族，以及部分外国人的绘图和图说。后来，又有一些少数民族头领奉表入觐，绘图和图说有所增补。最初是在乾隆二十六年（1761），由大学士、忠勇公傅恒编辑而成，乾隆帝为此撰"御制题皇清职贡图诗"，十几位大臣还撰写了"恭和诗"。《皇清职贡图》成书的经过大体如下：边疆督抚派人绘图后，送至军机处，呈送乾隆。然后由谢遂加工成彩绘，并由军机大臣加上满汉文图说。其他版本都是在此之前后刊行的。无论是谢遂绘制彩色的《皇清职贡图》，还是黑白版本的《皇清职贡图》，线条精细流利，形象生动逼真，人物各显特色。栩栩如生的绘图，以及简明、准确、形象的图说，都是清代留给我们的一份珍贵文化遗产，为我们研究清代少数民族的分布、风俗、服饰、特产、边疆等，以及以后少数民族的迁徙、变化都有很高的价值。尤其是谢遂绘制的彩图，以及满文图说，是研究清代延边少数民族和当时满语不可或缺的。①

乾隆时期，在对外关系上清政府主要奉行的是"宽严相济"的政策，通过恩威并施的手段把一些邦国和部族纳入其朝贡体制。清代的朝贡关系具有以下特点：其一，清代基本上只存在第一种类型的朝贡关系。与清朝政府建立正式朝贡关系的国家是当时被称为"属国"的国家，数量只有7个，它们是朝鲜、琉球、安南、暹罗、苏禄、南掌、缅甸，而实际上与其保持长期而稳定的朝贡关系的更少，只有朝鲜、安南、琉球等国；其二，清代有正常的海外贸易渠道，朝贡贸易的对象仅限于有明确朝贡关系的属国；其三，清代朝贡关系中居于主导地位的是政治，而非贸易。②

全图共分4卷，与本主题讨论直接相关图像在第一卷。第一卷绘有朝鲜（今朝鲜）、琉球（今日本冲绳）、安南（今越南）、暹罗（今泰国）、苏禄（今菲律宾）、南掌（今老挝）、缅甸（今缅甸）、大西洋（今意大利）、翁加

---

① 季永海：《〈皇清职贡图〉研究》，载《内蒙古民族大学学报》（社会科学版），2009 年第 5 期。

② 佟颖：《清代前期朝贡关系考辨——从〈皇清职贡图〉说起》，载《满语研究》，2011 年第 1 期。

里亚（今乌克兰）、波罗泥亚（今波兰）、小西洋（今印度）、英吉利（今英国）、法兰西（今法国）、瑞国（今瑞典）、日本（今日本）、马辰（不可考）、文莱（今文莱）、柔佛（今马来西亚）、荷兰（今荷兰）、俄罗斯（今俄罗斯）、宋腮朥（今泰国）、柬埔寨（今柬埔寨）、吕宋（今菲律宾）、伽喇吧（今印度尼西亚雅加达）、嘛六甲（今马六甲）、苏喇（今苏门答腊岛）、亚利晚（今叙利亚）27 个国家和地区的官民男妇以及西藏番人，新疆伊犁、哈萨克、布鲁特、乌什库车阿克苏、拔达山、安集延、哈密与肃州等地区和部族的回民，共计画面 59 段。①

《皇清职贡图》中亦绘有朝鲜、琉球国人图像各四幅，其中男性官吏一幅、官夫人一幅、男女百姓（夷人、夷妇）各一幅，日本只有夷人、夷妇两幅。但排名为朝鲜（第一）、琉球（第二）、日本（第十五），日本的排位非常靠后。

首先是朝鲜国图像。在图《朝鲜国夷官》的右上方有详细的说明，摘录与服饰文化相关的文字如下（见图 11-9）：

> 王及官属俱仍唐人冠服，俗知文字，喜读书，饮食以笾豆。官吏闲，威仪。妇人裙襦加襈。公会衣服皆锦绣，金银为饰。

图 11-9　朝鲜夷官、官妇图

---

① 张薇：《海内外关于〈皇清职贡图〉的整理与研究》，见《民族史研究》第十四辑，中央民族大学出版社 2018 年版。

引文中所谓的"唐人衣冠"实质指的是明朝风格的服饰衣冠。无论从衣着还是装饰，对朝鲜国官吏、官妇的评价都是相当高的。

接着来看朝鲜国民的男女服饰形象。如图 11 – 10 所示《朝鲜国民人》图右上方的说明文如下：

> 朝鲜国民人俗呼为高丽棒子。戴黑白毡帽，衣裤则皆以白布为之。民妇辫长盘顶，衣用青蓝色，外系长裙，布袜，花履。崇释信鬼，勤于力作。

图 11 – 10　朝鲜国民人、民妇

文中提到的"高丽棒子"，概是中国人对朝鲜（韩国）人沿袭已久的俗称，它来源于韩文的"帮子"一词。"帮子"原本指的是明清时期朝鲜使行团中地位低微的服役者。它从一个特定的称谓演变为"高丽棒子"这一含有贬义的泛称的历史过程，反映出的是明清时期的使团接待政策所引发的朝鲜使团与沿途的中国百姓之间的矛盾。①

"衣裤则皆以白布为之"即朝鲜民众具有尚白的习俗，这是中国人对朝鲜服饰的普遍认识，其中缘由在前面章节已经仔细分析过，在此省略。

---

① 黄普基：《历史记忆的集体构建："高丽棒子"释意》，载《南京大学学报》（哲学·人文科学·社会科学版），2012 年第 5 期。

再来看排名第二的琉球。在如图 11－11 所示《琉球国夷官》一图的右上方有如下说明：

> 夷官品级以金银簪为差等，用黄绫绢折圈为冠，宽衣大袖，系大带。官妇髻插金簪，不施粉黛，衣以锦绣，其长覆足。

图 11－11　琉球国夷官、官妇图

而琉球男女百姓的服饰则为："琉球国人多深目长鼻，男服耕作营海利。土人结髻于右，汉种结髻于中。布衣草履，出入常携雨盖。妇椎髻，以墨黥手，为花草鸟兽形。短衣长裙，以幅巾披肩背间，见人则升以蔽面。常负物入市交易。亦工纺织。"（见图 11－12）

总的来说，官吏以帽的颜色来区别品级，官妇的发髻一般使用金银簪子。而百姓无论男女，脚踏草履，男人常带雨具，女人则常用披肩，以碰见人时遮挡脸部之用。上衣下裳，官民皆右衽，男耕女织。

最后来看排名第十五的日本。日本只有"夷人""夷妇"两图，在"夷人"图的右上方，有较长的说明文，其中与服饰文化相关的如下（见图 11－13）：

> 男髡顶跣足，著方领衣，束以布带，出入佩刀剑。妇挽髻，插簪，宽衣长裙，朱履，能织绢布。

图 11 - 12　琉球国夷人、夷妇图

图 11 - 13　日本国夷人、夷妇

　　上述这段说明，多数内容与元明之际的日本国相关记载无异，信息陈旧，甚至有些牛头马嘴之感。因为倭寇侵略烙下的深刻历史记忆，总误认为日本男人都是出入佩刀剑，形象是髡发跣足。而女人的服饰文化中，除了"朱履"是比较新的信息外，还值得注意的一点是手持折扇。"男人佩刀、女人持扇"成了中国人的经典日本观。显然，到了乾隆年间，中国人的日本印象仍然是历史记忆的延伸。

第五节　结语

本章以南朝萧绎的《职贡图》，明代仇英的《职贡图卷》以及乾隆朝的《万国来朝图》《皇清职贡图》为叙事主线，就其中所绘的东亚诸国服饰文化进行了图文对比和论述。整整跨越十二个世纪的各式职贡图，不仅是炫耀中国国威的历史长卷，也是国人睁眼看世界的最好图文例证。一幅幅生动彩色的图像，一个个色彩绚丽的衣着装扮，更是研究相关国家和地区服饰文化的第一手资料。

最后，在吸收前人研究成果的基础上，利用出土资料、存世文献以及笔者的一些感悟，对本章所阐述的东亚服饰文化交流做一简单总结：

第一，在交通不便、人员往来不畅的古代，大多数中国人包括本章所涉及的历代知识分子，他们的海外知识、外人形象基本源自前人的历史记载，偶尔补入一些当朝的新信息，再运用自己的猎奇、想象成分，从而构建出一个以中国为中心的大同世界。在构建这种世界模式之际，服饰文化在其中发挥了重要作用。因为在国人眼里，衣冠制度的有无、等级层次的分明与否，是这个国家和地区的文明抑或野蛮的重要标志，是接受中国文化或多或少的深层表现。而纺织技术水平的有无或者高低，又是对这个国度科学发展、文化水准的重要考量。因此，无论是文字记载还是图画艺术，在表现外国人形象之际，服饰文化、纺织技术是重要内容之一。

第二，中国历代文献以服饰文化为载体，在描绘外国人形象之际，往往有醉翁之意不在酒的指向，其真正用意很有可能以此来表达对该国的喜好与憎恶、与中国的关系如何，甚至是在中国的世界里，它所处的地位和重要程度。因此，这些看似记载服饰文化的材料，也是研究历代中国对外交流、国际关系不可或缺的文献之一。

第三，就古代东亚世界中的日本、朝鲜半岛、琉球王国而言，后两者可谓是历代华夷秩序抑或朝贡体制中的忠实执行者，与中国的关系基本趋于稳定，因此对它们的评价没有大起大落。这一点从这两国的历代文字图像资料都可得到佐证，尤其是朝鲜，两国关系源远流长，对其服饰文化关注也是由来已久，其人物的形象总体趋于平稳，在众多外国人中，可谓一直处于优势地位。而琉球王国因为直到明代才开始与其正式交往,所以对其的认识一直比较模糊,大多仍以元代之前的文字资料为基础作为评判的依据。但到了清代,情况有了较大改变,这在几幅职贡图中可明显得到证明,无论是官吏还是庶民,他们的服饰已经基本脱离猎奇、丑化的范围,俨然具备了中华之风。

而日本就比较复杂了。首先,中日的服饰文化交流可以说自史前就已经开始,到了日本的弥生时期,中国大量移民的东渡,使得日本的服饰艺术产生了质的飞跃。隋唐时期,由于日本遣唐使的派遣,中国文化对日本的影响达到了空前的程度。服饰文化主要从服饰制度、纺织技术、成衣设计等几方面对日本产生影响。宋元时期,中日之间的官方往来中断,对文化的交流带来一定的影响,尤其是元代的服饰文化对日本影响处于低谷。朱元璋建立明朝,恢复汉唐礼仪制度后,中日文化交流再次迎来高潮,服饰文化的交流也不例外。明代对日本的服饰艺术产生影响主要通过官方途径、走私贸易等方式,官方途径中政府的纺织品、成衣、着装饰品赐予是主要渠道,而民间的走私贸易主要是一些日本人特别喜爱的棉布、丝绸、红线、毛毡等。通过研究可知,东传日本的明代纺织品种类繁多,几乎涵盖了当时所有的纺织品类型,而流传方式和传播途径主要有朝廷敕赐、使臣自购、友人馈赠以及走私贸易等。但很重要的一点是流向日本纺织品中的丝绸问题。中日文化交流也经常被纳入"海上丝绸之路"的范畴,在一般人眼里,中国是丝绸大国,丝织品可能曾源源不断流向日本,但史实并非如此。纵观八九世纪之际,日本几乎没有向中国进口任何丝织品。其中最大的原因是日本的养蚕、缫丝等水平不在中国人之下,无须千里迢迢输入这些物品。由于明代以前中国记载日本的资料局限,所以中国人的日本服饰观存在偏颇,甚至错误。再加上大多数来自道听途说,猎奇的成分难免很大。到了明代,由于航海技术发达,来中国进行私人留学、因私贸易、朝贡贸易的日本人骤然增多,这种现象自然也增多了中国人与日本人接触的机会,中国人对日本人的了解有了很大改变,但是遭受倭寇侵略的惨痛记忆,完全淹没了对日本仅存的一些好感,"凶残""野蛮"成了日本的代名词,这从历代日本人的服饰文化也可得到印证。

第四,我们说东亚文化交流的方式是以一种"环流"的模式进行。换言之,在中国服饰文化源源不断输往周边诸国之同时,朝鲜、日本、琉球也时而向中国传入他们的文化。虽然这种文化有时带有炫耀之成分,但在两国的交流史上也不容小觑。比如日本也是一个善于农耕和养蚕的民族,早在三国时期，日本就曾向我国出口"倭锦"之类的纺织品，而且工艺还相当精湛。之后也频繁向中国上贡类似产品。又如流行于明末清初的"倭缎"就是其中一例，但是要注意的是，虽名为"倭缎"，但实际上到了明清时期，它是一种纺织技术源自日本的中国纺织品而已。这也可以说是明代中日服饰艺术交流的成果之一。又比如琉球朝贡的土蕉布，透气凉爽，很适宜作夏衣之用。

东亚文化交流的模式往往是环流，即你中有我，我中有你。文化的源头虽只有一个，但其核心与周缘会随着时间推移不断发生变化。换言之，文化源头国并不一定始终是该文化的核心国，其核心总是在喜欢它的国度或民族之间移动。一种文化最终是属于喜欢热爱它的人。如何安置佚存海外的中国"文化孤儿"，激活残存海外的传统中国文化，将是中国文化走出去面临的一个重要课题，而千年的东亚经验与教训将是新一轮中国文化走出去的重要参考。

附录一　明代中日纺织品交流年表

　　本年表根据日本史料集成编纂会的《中国・朝鲜の史籍における日本史料集成》"明实录之部"（国书刊行会 1975 年）制作而成，主要摘选明代中日纺织品交流相关的事项。为行文简洁，对原文略做了调整。

时间	记事	文献名
洪武四年十月	（日本国王良怀）遣祖来随秩入贡，诏赐祖来等文绮、帛及僧衣。比辞，遣僧祖阐、克勤等八人护送还国。仍赐良怀大统历及文绮、纱罗。	《太祖实录》卷六八
洪武七年六月	仍赐宣闻溪等文绮、纱罗各二匹，从官钱帛有差。是时，其臣有志布志岛津越后守臣氏久，亦遣僧道幸等，进表贡马及茶、布、刀、扇等物。上以氏久等无本国之命，而私入贡，仍命却之。而赐道幸等文绮、纱罗各一匹，通事从人以下钱币有差。 先是，上赐日本高宫山报恩禅寺僧灵枢袈裟。至是，灵枢亦遣其徒灵照谢恩，贡马一匹。诏赐灵枢衣履及文绮、帛各二匹。灵照钱一万文、文绮、帛各一匹、僧衣一袭，遣还。 日本国僧宗岳等七十一人，游方至京。上谕中书省臣曰："海外之人，慕中华而来。"令居天界寺，人赐布一匹为僧衣。	《太祖实录》卷九〇
洪武九年五月	日本人滕八郎，以商至京，献弓马、刀甲、硫黄之属，并以其国高宫山僧灵枢所附马二匹来贡。上命却其献，赐白金遣之。其灵枢曾至京受赐，所献马受之。仍给绮、帛，令滕八郎归赐灵枢。	《太祖实录》卷一〇六

时间	记事	文献名
洪武十二年闰五月	日本国良怀遣其臣刘宗秩、通事尤虔、俞丰等，上表贡马及刀甲、硫黄等物。使还，赐良怀织金文绮，宗秩等服物有差。	《太祖实录》卷一二五
洪武十六年四月	赐国子监倭生文寿衣衾、鞋袜。	《太祖实录》卷一五三
永乐元年十月	日本国王源道义遣使圭密等三百余人，奉表贡马及铠胄、佩刀、玛瑙、水晶、硫黄诸物。赐圭密等文绮、绸绢并钱钞、纻丝、纱罗有差。赐其通事冠带。命礼部宴之，仍命遣使同圭密等往。赐日本国王冠服、锦绮、纱罗及龟纽金印。	《太宗实录》卷二四
永乐二年十月	日本国王源道义遣使梵亮，奉表贡马及方物。谢赐冠服、印章。命礼部赐王钞锭采币及宴赉其使。	《太宗实录》卷三五
永乐二年十一月	日本国王源道义遣使永俊等，奉表贺册立皇太子，并献方物。命礼部赐王钞锭、采币及宴赉永俊等。	《太宗实录》卷三六
永乐三年十一月	日本国王源道义遣使源通贤等，奉表贡马及方物，并献所获倭寇。尝为边害者。上嘉之，命礼部宴赉其使，遣鸿胪寺少卿潘赐、内官王进等，赐王九章冠服、钞五千锭、钱千五百缗、织金、文绮、纱罗、绢三百七十八匹。	《太宗实录》卷四八
永乐四年正月	仍赐道义白金千两、织金及诸色采币二百匹、绮绣衣六十件、银茶壶三、银盆四及绮绣、纱罗、帐、衾、褥、枕、席、器皿诸物并海舟二艘。	《太宗实录》卷五〇
永乐四年六月	日本国王源道义遣使圭密等，贡名马、方物，谢赐冠服恩。赐钱钞、采币。	《太宗实录》卷五五
永乐五年五月	日本国王源道义遣僧圭密等七十三人，来朝贡方物并献所获倭寇等。上嘉之。（中略）兹特赐王白金一千两、铜钱一万五千缗、绵、纻丝、纱罗、绢四百一十匹，僧衣十二袭，帷帐、衾褥、器皿若干事，并赐王妃白金二百五十两、铜钱五千缗、绵、纻丝、纱罗、绢八十四匹，用示旌表之意。	《太宗实录》卷六七

续表

时间	记事	文献名
永乐六年五月	日本国王源道义遣僧圭密等百余人，贡方物，并献所获海寇。上命以寇属刑部。赐圭密钞百锭。钱十万、采币五表里、僧衣一袭，赐其傔从有差。日本所遣僧圭密等，陛辞致其王之言，请仁孝皇后《劝善》《内训》二书，命礼部各以百篇之，并赐其王采币等物，圭密等加赐衣钞。	《太宗实录》卷七九
永乐六年十一月	日本国王源道义遣使来朝，贡马及方物。赐钞币有差。	《太宗实录》卷八五
永乐六年十二月	日本国世子源义持，以父源道义卒遣使告讣，命中官周全往祭。赐谥恭献，赙绢布各五百匹。复遣使赍诏，封义持，嗣日本国王，赐锦绮、纱罗六十匹。	《太宗实录》卷八六
永乐八年四月	日本国王源义持遣使圭密等，奉表贡方物，谢赐父谥及命袭爵恩。皇太子赐圭密等钞币有差。	《太宗实录》卷一〇三
永乐九年二月	遣使，赍敕赐日本国王源义持金织文绮、纱罗，绢绫百匹、钱五千缗。嘉其屡获倭寇也。	《太宗实录》卷一一三
宣德八年五月	赐日本国使臣道渊等二百二十人纻丝、纱罗、绢布及金织袭衣、绢衣、铜钱有差。	《宣宗实录》卷一〇二
宣德八年六月	遣鸿胪寺少卿潘赐、行人高迁、中官雷春等使日本国。赐其王源义教白金、采币等物。	《宣宗实录》卷一〇三
宣德八年闰八月	赐日本国使臣有瑞等六十五人、嘉河等卫女直指挥同知阿里不花等一百七十六人采币、绢衣及纻丝、袭衣有差。	《宣宗实录》卷一〇五
宣德十年十月	日本国遣使臣中誓等来朝，贡马及方物，赐宴并赐纻丝、纱罗、绢布、铜钱有差。仍命赍敕及白金、文锦、纻丝表里、纱罗等物，归赐其国王及妃。	《英宗实录》卷一〇
景泰四年十一月	日本国王遣使臣允澎及都总通事赵文端等来朝，贡马及方物。赐宴并采币表里等物有差。	《英宗实录》卷二三五

时间	记事	文献名
景泰四年十二月	礼部奏，日本国王有附进物及使臣自进附进物，俱例应给值。（中略）通计折钞绢二百二十九匹、折钞布四百五十九匹，钱五万一百一十八贯，其马二匹。如瓦剌下等马例，给纻丝一匹、绢九匹，悉从之。	《英宗实录》卷二三六
景泰五年正月	日本国使臣允澎奏，蒙赐本国附搭物件价值，比宣德年间十分之一，乞照旧给赏。帝曰远夷当优待之，加铜钱一万贯。允澎等犹以为少，求增赐。礼部官劾其无厌，命更加绢五百匹、布一千匹。	《英宗实录》卷二三七
成化四年五月	日本国居座寿敬等，来朝贡马、谢恩。赐宴并袈裟、采段等物。其存留在船通事从人，各赏有差。	《宪宗实录》卷五四
成化五年正月	日本国使臣清启等将还，赐宴及金织衣等物，有差。其回特赐国王源义政采段二十表里、纱罗各二十匹、锦四段、白金二百两。王妃采段十表里、纱罗各八匹、锦二段、白金一百两，并敕谕俱付清启等领回。	《宪宗实录》卷六二
成化五年二月	（前略）上曰："方物丧失，本难凭信。但其国王效顺，可特赐王绢一百匹、采段十表里。"	《宪宗实录》卷六三
成化十三年九月	日本国遣正副使妙茂等来朝，贡马及方物。赐宴并金襕袈裟、采段等物。仍令赍敕及白金锦段，回赐其国王及妃。	《宪宗实录》卷一七〇
成化二十年十一月	日本国王源义政遣使臣周玮等，奉表贡马及方物，来朝谢恩。赐宴并金襕袈裟、金织衣、采段等物，有差。仍命赍敕并白金、文绮等物归，赐其国王及妃。	《宪宗实录》卷二五八
弘治九年闰三月	日本国王源义高遣正副使寿蓂等来贡。回赐王及王妃锦段、白金等物。赐寿蓂等宴并采段等物，如例。	《孝宗实录》卷一一一

续表

时间	记事	文献名
正德五年二月	日本国王源义澄遣使臣宋素卿来贡。赐宴给赏有差。素卿私馈瑾黄金千两，得赐飞鱼服。	《武宗实录》卷六〇
嘉靖二十八年六月	日本国王源道晴差正使周良等来朝，贡方物，赐宴赉，有差。以白金、锦币报赐其王及妃。	《世宗实录》卷三四九
万历二十三年正月	奉旨，平秀吉准封日本国王故事，外夷袭封例，赐皮辨、冠服及诰敕等项。 其日本禅师僧玄苏，应给衣帽等项，本部俱于京营，犒赏银内酌给。	《神宗实录》卷二八一

附录二 中朝服饰文化交流年表

1358 年

秋七月甲辰，江浙行省丞相张士诚遣理问实剌不花来献沉香、山水精山画木屏、玉带、铁杖、彩段。①

又江浙海岛防御万户丁文彬通书，聊献土宜。恭愍王命右副承宣翰林学士李穑答文彬书曰："吾已领万户厚意矣。其送以白苎布若干、黑麻布若干、虎皮若干、文豹皮若干，少答盛惠。"②

1359 年

夏四月辛巳，江浙张士诚、丁文彬遣使献方物。③

秋七月甲寅，张士诚遣范汉杰、路本来献彩段、金带、美酒。丁文彬亦献方物。④

八月戊辰，方国珍遣使献方物。⑤

十二月戊子，（恭愍王）遣户部尚书朱思忠赍细布、鞍辔、酒肉遗贼师（红头贼魁——红巾军）。⑥

①　吴晗：《朝鲜李朝实录中的中国史料》，中华书局 1980 年版，第 2 页。
②　吴晗：《朝鲜李朝实录中的中国史料》，中华书局 1980 年版，第 2—3 页。
③　吴晗：《朝鲜李朝实录中的中国史料》，中华书局 1980 年版，第 3 页。
④　吴晗：《朝鲜李朝实录中的中国史料》，中华书局 1980 年版，第 3 页。
⑤　吴晗：《朝鲜李朝实录中的中国史料》，中华书局 1980 年版，第 4 页。
⑥　吴晗：《朝鲜李朝实录中的中国史料》，中华书局 1980 年版，第 4 页。

1360 年

丙辰，张士诚遣使来聘。①

秋七月丙子，江浙省李右丞遣张国珍来献沉香、匹段、玉带、弓箭。复遣少尹金伯环报聘。②

1361 年

三月丁巳，张士诚遣人来献彩段、玉罂、沉香、弓矢。③

秋七月壬子，张士诚遣千户傅德来聘。戊午，又遣赵伯渊、不花来聘。④

1362 年

秋七月庚戌，张士诚遣使来献沉香佛、玉香炉、玉香合、彩段、书轴等物。⑤

八月乙未，元以灭红贼之功，遣集贤院侍读学士忻都赐王衣酒。⑥

1363 年

夏四月壬子，张士诚遣使贺平红贼，献彩段及羊、孔雀。⑦

1364 年

夏四月甲辰，张士诚遣万户袁世雄来聘。

五月癸酉，遣大护军李成林、典校副令李韧报聘于张士诚。

六月乙卯，明州司徒方国珍遣照磨胡若海偕田禄生来献沉香、弓矢及玉海、通志等书。⑧

---

①　吴晗：《朝鲜李朝实录中的中国史料》，中华书局 1980 年版，第 6 页。
②　吴晗：《朝鲜李朝实录中的中国史料》，中华书局 1980 年版，第 6 页。
③　吴晗：《朝鲜李朝实录中的中国史料》，中华书局 1980 年版，第 6 页。
④　吴晗：《朝鲜李朝实录中的中国史料》，中华书局 1980 年版，第 6 页。
⑤　吴晗：《朝鲜李朝实录中的中国史料》，中华书局 1980 年版，第 9 页。
⑥　吴晗：《朝鲜李朝实录中的中国史料》，中华书局 1980 年版，第 9 页。
⑦　吴晗：《朝鲜李朝实录中的中国史料》，中华书局 1980 年版，第 10 页。
⑧　吴晗：《朝鲜李朝实录中的中国史料》，中华书局 1980 年版，第 11 页。

秋七月丁亥，吴王张士诚遣周仲瞻来献玉缨、玉顶子、彩段四十匹。①

1365 年

夏四月辛卯，吴王张士诚遣使来献方物。

八月庚寅，明州司徒方国珍遣使来聘。

冬十月癸巳，方国珍遣使来聘。②

1369 年

夏四月壬辰，大明皇帝遣符宝郎偰斯赐玺书及纱罗段匹总四十匹。王率百官出迎于崇仁门外。③

六月丙寅，皇帝遣宦者金丽渊致书，送还移居幽燕之民百六十五人。金丽渊亦高丽人，回国省亲。"仍赉纱、罗各六匹侑缄，至可领也。"④

1370 年

二月壬午，（辽阳省）纳哈出遣使来献方物，仍求官，且以黄金八两求妇人腰带。授三重大匡司徒，赐细布二匹，妇人金带一腰，还其金。⑤

五月甲寅，帝遣尚宝司丞偰斯来锡王命。王率百官郊迎。诰曰："（前略）今赐大统历一本，锦绣绒段十匹，至可领也。"并赐太妃金段、色段，线罗纱各四匹。王妃亦如之。相国辛旽、侍中李春富、李仁任色段各四匹，线罗各四匹，纱各四匹。⑥ 成准得还自京师，帝赐玺书曰："（前略）今赐王冠服、乐器、陪臣冠服及洪武三年大统历，至可领也。"又赐王六经、四书、通鉴、汉书。皇后赐王妃冠服。⑦

六月甲辰，张子温还自京师，帝赐本国朝贺仪注一册，及金龙苎丝红熟里绢各二匹。⑧

---

① 吴晗：《朝鲜李朝实录中的中国史料》，中华书局 1980 年版，第 12 页。
② 吴晗：《朝鲜李朝实录中的中国史料》，中华书局 1980 年版，第 12 页。
③ 吴晗：《朝鲜李朝实录中的中国史料》，中华书局 1980 年版，第 13 页。
④ 吴晗：《朝鲜李朝实录中的中国史料》，中华书局 1980 年版，第 14 页。
⑤ 吴晗：《朝鲜李朝实录中的中国史料》，中华书局 1980 年版，第 15 页。
⑥ 吴晗：《朝鲜李朝实录中的中国史料》，中华书局 1980 年版，第 16 页。
⑦ 吴晗：《朝鲜李朝实录中的中国史料》，中华书局 1980 年版，第 16—17 页。
⑧ 吴晗：《朝鲜李朝实录中的中国史料》，中华书局 1980 年版，第 17 页。

秋七月甲辰，遣三司左使姜师赞如京师，谢册命及玺书，并纳前元所降金印，仍计禀耽罗事。其谢册命表曰："（前略）洪武三年五月二十六日，尚宝司丞偰斯至，钦奉诏书，封臣为高丽国王，铸降金印一颗，仪制服用，许从本俗，仍赐大统历一道，锦绣绒段十匹，并赐臣母、臣妃及陪臣段匹纱罗六十八匹（后略）"①

1372 年

五月癸亥，帝遣宦者前元院使延达麻失里及孙内侍来，锡王彩段、纱罗四十八匹。王出迎于迎宾馆。②

六月辛巳，赐陈理、明昇苎布九匹。③

1374 年

六月壬子，郑庇等还自京师，帝手诏曰："（前略）今高丽去中国稍近，教他依着三年一聘之礼，将来的方物，只土产布子，不过数对表意，其余的物，都休将来。钦此！"已经行移本国。今郑宓赍至礼物，过于常贡，似有未喻旨意。兼数内白苎三百送大府监。④（中略）今王遣使涉海远来，不无艰险，于所贡物内，受布六对，余物付来使领还。今后合宜钦依圣旨事意，三年一贡，物不在多，惟在至诚。其余金银器皿、彩席、苎麻布、豹獭皮及送大府监白苎布三百匹，并付庇送还。⑤

1377 年

三月，遣三司左使李子松如北元谢册命。表曰："（前略）且献礼物。皇帝：白金七锭、苎布八十一匹。皇后：白、黄、红苎布各九匹。二皇后：白苎布九匹、黄苎布五匹、红苎布四匹。中书省太师阔阔帖木儿、太保哈剌章、太尉蛮子各白苎布八匹、黑麻布七匹、鞍子一面。平章、参政、台大夫，下至内官、小臣，皆遗苎麻布有差。遣礼仪判书文天式报聘于纳哈出，仍遗麻

---

① 吴晗：《朝鲜李朝实录中的中国史料》，中华书局 1980 年版，第 18 页。
② 吴晗：《朝鲜李朝实录中的中国史料》，中华书局 1980 年版，第 24 页。
③ 吴晗：《朝鲜李朝实录中的中国史料》，中华书局 1980 年版，第 25 页。
④ 吴晗：《朝鲜李朝实录中的中国史料》，中华书局 1980 年版，第 38 页。
⑤ 吴晗：《朝鲜李朝实录中的中国史料》，中华书局 1980 年版，第 39 页。

布各十五匹、鞍子一面、胡床、豹皮、屏风等物。娘子、姐姐至麾下官人，各遗苎麻布有差。又送纳哈出宴钱回礼白苎布八十匹。以纳哈出翁主、文哈喇不花、豆个大等尝遥受本国官爵，皆遗禄俸布，纳哈出五百匹，翁主、文哈喇不花俱三百匹，豆个大五十匹。"①

1379 年

三月，沈德符、金宝生回自京师。帝赐手诏曰："（前略）则当仍依前王所言，今岁贡马一千，差执政陪臣以半来朝。明年贡金一百斤，银一万两，良马百匹，细布一万匹，岁以为常。"②

六月，纳哈出亦遣文哈喇不花来。及还，（辛）禑曰："丞相与吾先君称兄弟，吾以父事之。"遗苎麻布各一百五十匹。③

十月，遣门下评理李茂方、判密直裴彦如京师，进岁贡。上陈情表曰："（前略）是用差陪臣李茂方、裴彦等赍擎祖母表文，并管领金三十一斤四两、银一千两、白细布五百匹、黑西布五百匹、杂色马二百匹赴京。（后略）"王太后表曰："（前略）小国地薄不产金银，中国之所知也。有二种：曰胡马者，从北方来者也。曰乡马者，国中之所出也。国马如驴，无从而得良马。胡马居百之一二。亦中国之所知也。近因倭寇，损伤殆尽。布匹虽出于国中，然数至于万，诚难充办。"④

1380 年

十二月，遣门下赞成事权仲和、礼仪判书李海如京师，贡金三百两、银一千两、马四百五十匹、布四千五百匹，请谥，承袭。⑤

四月，遣门下赞成事金庾、门下评理洪尚载、知密直金宝生。同知密直郑梦周、密直副使李海、典工判书裴行俭等如京师，进岁贡金一百斤、银一万两、布一万匹、马一千匹。⑥

---

① 吴晗：《朝鲜李朝实录中的中国史料》，中华书局 1980 年版，第 47—48 页。
② 吴晗：《朝鲜李朝实录中的中国史料》，中华书局 1980 年版，第 50—51 页。
③ 吴晗：《朝鲜李朝实录中的中国史料》，中华书局 1980 年版，第 52 页。
④ 吴晗：《朝鲜李朝实录中的中国史料》，中华书局 1980 年版，第 52—53 页。
⑤ 吴晗：《朝鲜李朝实录中的中国史料》，中华书局 1980 年版，第 56 页。
⑥ 吴晗：《朝鲜李朝实录中的中国史料》，中华书局 1980 年版，第 57 页。

1384 年

十月，遣连山君李元纮如京师，献岁贡。表曰："洪武十二年间，钦奉圣旨，约定岁贡，钦此。自从承命之初，愿遵约束，以至历年之久，未及经营。盖缘财力之穷，实非精诚之薄。洪武十六年十一月间，陪臣崔涓、张伯等回自京师，赍到礼部咨文，钦奉圣旨节该：前五年未进岁贡马五千匹、金五百勀、银五百两、布五万匹，一发将来，钦此。（后略）"都评议使司申礼部曰："原奉五年岁贡金五百斤数内，见解送九十六斤一十四两，其未办四百三斤二两，折准马一百二十九匹。银五万两数内，见解送一万九千两，未办三万一千两，折准马一百四匹。布五万匹数内，见解送白苎布四千三百匹，黑麻布二万四千四百匹，白麻官布二万一千三百匹。马五千匹数内，已解送四千匹，辽东都司收讫，今解送一千匹。"①

1385 年

十二月，遣密直副使姜淮伯如京师，进岁贡马一千匹、布一万匹及金银折准马六十六匹。②

1386 年

二月，遣政堂文学郑梦周如京师，请便服及群臣朝服、便服，仍乞蠲减岁贡。请衣冠表曰："议礼制度，大开华夏之明。慕义向风，庶变要荒之陋，敢摅愚抱，庸渎聪闻。窃观圣人之兴，必有一代之法，上衣下裳之作，盖取象于乾坤，殷周冕之名，皆因时而损益，以新耳目之习，而致风俗之同。钦惟陛下挺神武之资，抚亨嘉之运。文物备矣，聿超三代之隆。德教需然，罩及四方之广。虽命小邦之从本俗，既赐祭服，以至陪臣，岂容其余，尚袭其旧？在盛世之典，固无所亏，但远人之心，深以为歉。伏望陛下怜臣以小事大，许臣用夏变夷，遂降纶言，俾从华制。臣谨当终始惟一，益殚补衮之诚，亿万斯年，永被垂衣之化。"③

① 吴晗：《朝鲜李朝实录中的中国史料》，中华书局 1980 年版，第 61 页。
② 吴晗：《朝鲜李朝实录中的中国史料》，中华书局 1980 年版，第 65 页。
③ 吴晗：《朝鲜李朝实录中的中国史料》，中华书局 1980 年版，第 66 页。

请减岁贡表曰："洪武十二年三月间，陪臣沈德符回自京师，钦赍手诏及录旨节该：'今岁贡马一千匹，明年贡金一百觔、银一万两、良马一百匹、细布一万匹。岁以为常，钦此。'节次施行间，又准礼部咨文，钦奉圣旨节该：'前五年未进岁贡马五千匹、金五百觔、银五万两、布五万匹，一发将来。钦此。'为金银本国不产，蒙辽东都司闻奏，高丽进贡金银不敷，愿将马匹准数。钦奉圣旨：'每银三百两准马一匹，金五十两准马一匹，钦此。'差陪臣门下评理李元纮通行管领马五千匹、布五万匹及金银折准马匹，前赴朝廷贡纳讫。措办到洪武十七年岁贡马一千匹、布一万匹及金银折准马六十六匹，已差陪臣密直副使姜淮伯等管领前去进贡。（后略）"①

七月，郑梦周还自京师。钦奉宣谕圣旨曰："（前略）弑者不度，意在掩己之逆，故弑我行人。既后数请约束，朕数不允，正为守分也。请之不已，朕强从之，所以索岁贡，知三韩之诚。彼听命矣，不一、二年违约，又不三年如约，又不二年诉难，呜呼！朕观四海之内，邻于中国者，三韩之邦，非下下之国，径一、二千里，岂无人焉？何正性不常？且岁贡之设，中国岂倚此而为富，不过知三韩之诚诈耳。今诚诈分明，表至云及'用夏变夷'，变夷之制，在彼君臣力行如何耳。表至谓岁贡云及'生民孔艰'，使者归，朕再与之约：削去岁贡，三年一朝，贡良骥五十匹，以资钟山之阳，牧野之郡，永相保守。谕今岁岁终以此约为验。后至洪武二十四年正旦方进如始。"②

八月，遣赞成事尹珍、密直副使李希蕃如京师，谢蠲减岁贡。密直副使李薄再请衣冠。请衣冠表曰："圣人之制，惟在大同，臣子之情，必期上达，敢申再三之渎，庶冀万一之从。先臣恭愍王颛于洪武二年间，准中书省咨该：'钦奉圣旨颁降冕服及远游冠、绛纱袍，并陪臣祭祀冠服，比中朝臣下九等递降二等。'窃惟小邦爰自先父钦承命服，益仰华风。顾旧制犹未悉更，于愚心宁不知愧，冒进封章之奏，颙俟宠锡之加。未蒙允俞，只增兢惕。伏望陛下扩兼容之量，推一视之仁，遂使夷裔之民，得为冠带之俗。臣谨当服之无斁，愿赓安吉之歌，奉以周旋，恭上康宁之祝。"③

---

① 吴晗：《朝鲜李朝实录中的中国史料》，中华书局 1980 年版，第 66—67 页。

② 吴晗：《朝鲜李朝实录中的中国史料》，中华书局 1980 年版，第 68 页。

③ 吴晗：《朝鲜李朝实录中的中国史料》，中华书局 1980 年版，第 68—69 页。

十一月，安翊、柳和等还自京师，宣谕圣旨曰："我要和买马五千匹。你回到高丽，先对众宰相说，都商量定了之后，却对国王说知道肯不肯时，便动将文书来。我这里运将一万匹段子、四万匹棉布去。宰相的马一匹，价钱段子二匹、棉布四匹，官马并百姓的马一匹，段子一匹、棉布二匹。和买，你休忘了。"①

1387 年

五月，偰长寿还自京师，钦奉宣谕圣旨曰："（略）"。长寿扣头。圣旨："如何？你有甚说话么？"长寿奏："臣别无甚奏的勾当，但本国为衣冠事，两次上奏，未蒙允许，王与陪臣好生就惶。想着臣事上位二十年了，国王朝服、祭服，陪臣祭服，都分着等第赐将去了，只有便服不曾改旧样子。有官的虽戴笠儿，百姓都戴着了原朝时一般有缨儿的帽子。这些个心下不安稳。"圣旨："这个却也无伤。赵武灵王胡服骑射，不害其为贤君。我这里当初也只要依原朝样带帽子来，后头寻思了：'我既赶他出去了，中国却蹈袭他这些个样子，久后秀才每文书里不好看。以此改了。如今却也少不得帽子遮日头、遮风雨便当。伯颜帖木儿王有时我曾与将朝服、祭服去。如今恁那里既要这般，劈流扑剌做起来，自顾戴，有官的纱帽，百姓头巾，戴起来便是，何必只管我根前说？'臣来时，王使一个姓柳的陪臣直赶到鸭绿江，对臣说：'如今请衣冠的陪臣回来了，又未明降，好生就惶。你到朝廷苦苦的奏。若圣旨里可怜见呵，你从京城便戴着纱帽、穿着团领回来，俺也一时都戴。'臣合无从京城戴去？"圣旨："你到辽阳，从那里便戴将去。"长寿服帝所赐纱帽、团领而来，国人始知冠服之制。②

六月，依大明之制，定百官冠服。百姓服之。以见徐质。质叹曰："不图高丽复袭中国冠带！天子闻之，岂不嘉赏。"禑与宦者及幸臣独不服。③

闰月，遣门下赞成事张子温如京师谢许改冠服。④

九月，遣宦者李匡谕都堂曰："自今服大明衣冠，宜诚心事之。"左右侍

---

① 吴晗：《朝鲜李朝实录中的中国史料》，中华书局 1980 年版，第 69 页。
② 吴晗：《朝鲜李朝实录中的中国史料》，中华书局 1980 年版，第 75 页。
③ 吴晗：《朝鲜李朝实录中的中国史料》，中华书局 1980 年版，第 76 页。
④ 吴晗：《朝鲜李朝实录中的中国史料》，中华书局 1980 年版，第 76 页。

中皆称贺。禑寻以胡服驰骋于路。①

1388 年

四月，壬午，左右军发平壤，众号十万。禑如大同江，张胡乐于浮碧楼，自吹胡笛。乙丑，停"洪武"年号，令国人复胡服。②

五月，丙午，复行"洪武"年号，袭大明衣冠，禁胡服。时大明闻禑举兵，将征之。③

1391 年

五月己酉，以军资少尹安鲁生为西北面察访别监，禁互市上国者。初，商贾之徒，将牛马、金银、苎麻布潜往辽沈买卖者甚众，国家虽禁之，未有著令，边吏又不严禁，往来与贩，络绎于道。鲁生往，斩其魁十余人，余皆杖配水军，仍没其货。④

十二月，甲子，帝遣宦者前元承徽院使康完者笃等三人来，因赐苎丝绫绢二百匹。⑤

1392 年

二月辛未，遣永福君珤、赞成事权仲和如京师谢恩，仍献火者五人及白、黄苎布、黑麻布各五十匹，人参六十劢，豹皮十领，鞍子四面，马十匹。⑥

八月乙亥，前朝谢恩使永福君王珤、政堂文学权仲和回自京师，言皇太子以四月二十五日薨，帝立太子之子允炆为皇太孙。权仲和赍礼部录示丧制来：一、服制合衰服，用麻布制造。及用粗布制巾，裹于纱帽上，带垂于后。麻绖带百日而除。⑦

九月己卯朔，遣三司左使李居仁陈慰帝廷，仍赍白银二锭、黑细麻布一

---

① 吴晗：《朝鲜李朝实录中的中国史料》，中华书局 1980 年版，第 76 页。
② 吴晗：《朝鲜李朝实录中的中国史料》，中华书局 1980 年版，第 80 页。
③ 吴晗：《朝鲜李朝实录中的中国史料》，中华书局 1980 年版，第 81—82 页。
④ 吴晗：《朝鲜李朝实录中的中国史料》，中华书局 1980 年版，第 88 页。
⑤ 吴晗：《朝鲜李朝实录中的中国史料》，中华书局 1980 年版，第 89 页。
⑥ 吴晗：《朝鲜李朝实录中的中国史料》，中华书局 1980 年版，第 89 页。
⑦ 吴晗：《朝鲜李朝实录中的中国史料》，中华书局 1980 年版，第 110 页。

百匹、白细苎布一百匹，就祭于殿魂。①

1393 年

四月辛卯，命前密直权均赍咨往见秦府人，辞以易换之难，仍送遗内酝、苎麻布。②

六月，今将该给马价段匹棉布，差指挥同知王鼏等管运前去。计实收过马九千八百八十匹，给苎丝棉布各一匹。共运去各色苎丝棉布一万九千七百六十匹、苎丝九千八百八十匹、棉布九千八百八十匹。③

1401 年

二月乙未，朝廷使臣礼部主事陆颙、鸿胪行人林士英泰诏书来。宣诏："（前略）。今遣使赍赐建文三年大统历一卷、文绮纱罗四十匹，以答至意。"④

六月丙子，遣判门下府事赵浚、右军同知总制安瑗如京师，谢恩也。上服衮冕，拜表，献方物：马五十匹、金鞍四部、细苎麻布二百匹、中宫细苎麻布八十匹。章谨请牧隐李穑文集，浚以无全本答之。⑤

八月，己卯。因奏："朝鲜产马之邦也，若以绮绢市良马，可以备戎事。"帝大悦，遣太仆寺左少卿祝孟献与颙赍绮绢至渤海，遇章谨、端木礼。⑥

九月丁亥朔，朝廷使臣太仆寺少卿祝孟献、礼部主事陆颙奉敕书来。颁赐国王文绮、绢各六匹，药材木香二十斤，丁香三十斤，乳香一十斤，辰砂五斤；前王李旦文绮、绢各五匹；前权知国事李曤文绮、绢各五匹。别敕颁赐国王亲戚李和、李芳毅等一十三员每员文绮、绢各四匹，陪臣赵浚、李居易等二十四员每员文绮、绢各三匹。兵部咨曰："差人运著段匹布绢药材，就教太仆寺少卿祝孟献、礼部主事陆颙去，易换好马一万匹。"⑦ 辛丑，朝廷国

---

① 吴晗：《朝鲜李朝实录中的中国史料》，中华书局 1980 年版，第 111 页。
② 吴晗：《朝鲜李朝实录中的中国史料》，中华书局 1980 年版，第 114 页。
③ 吴晗：《朝鲜李朝实录中的中国史料》，中华书局 1980 年版，第 117 页。
④ 吴晗：《朝鲜李朝实录中的中国史料》，中华书局 1980 年版，第 154—155 页。
⑤ 吴晗：《朝鲜李朝实录中的中国史料》，中华书局 1980 年版，第 160 页。
⑥ 吴晗：《朝鲜李朝实录中的中国史料》，中华书局 1980 年版，第 161 页。
⑦ 吴晗：《朝鲜李朝实录中的中国史料》，中华书局 1980 年版，第 161 页。

子监生宋镐、相安、王威、刘敬等四人赍马价来，文绮、绢、棉布九万余匹及药材，用车一百五十辆、牛马三百驼入京。①

十月戊午，议政府定易换马价：大马上等价常五升布五百匹，中等价四百五十匹，下等价四百匹。中马上等价三百匹，中等价二百五十匹，下等价二百匹。朝廷马价段子上品一匹准常五升布九十匹，中品八十匹，下品七十匹。官绢一匹准常五升布三十匹，中绢二十五匹，棉布一匹准二十匹，且以诸般药材并给之。②

十一月，戊申，监生郭瑄、柳荣等赍马价纱、罗、绫段来，上如太平馆设慰宴。③

十二月癸亥，领议政府事李舒、总制安瑗等回自京师。舒等进《大学衍义》《通鉴集览》《事林广记》各一部，角弓二张、色丝二斤。④ 庚午，祝孟献、陆颙等还。上率百官饯于西郊。孟献等之将还也，以黑麻布、白苎布为赆。太上王及上王亦以黑麻布、白苎布赠之。孟献曰："衣服皆国王所赐，恩已厚矣。何如此乎！辽东人知之，则谓我受赠不公于易马，则累及国王矣。"颙与监生郭瑄、柳荣、董暹亦不受。孟献谓兽医王明、周继等曰："汝辈受之可也。"二人乃受。⑤

1402 年

五月癸未朔，监生栗坚、张缉等押七运马而还。三运马价段子一千五百匹、绢一万三千匹、棉布六千五百匹，其交易马数一千六百二十四匹也。又以遗在段子九百二十八匹、绢五千三百八十匹、棉布三百八匹，易马九百九匹，随后入送。⑥

十一月，丙戌，太上王命赆使臣之行。温全黑麻布五匹、白苎布三匹。杨宁黑麻布四匹、白苎布二匹。俞士吉、汪泰各黑麻布二匹、白苎布二匹。上皆加以十匹赆之。上以黑麻布、白苎布并二百匹分赆于使臣。士吉、汪泰

① 吴晗：《朝鲜李朝实录中的中国史料》，中华书局 1980 年版，第 162 页。
② 吴晗：《朝鲜李朝实录中的中国史料》，中华书局 1980 年版，第 163 页。
③ 吴晗：《朝鲜李朝实录中的中国史料》，中华书局 1980 年版，第 164 页。
④ 吴晗：《朝鲜李朝实录中的中国史料》，中华书局 1980 年版，第 165 页。
⑤ 吴晗：《朝鲜李朝实录中的中国史料》，中华书局 1980 年版，第 166 页。
⑥ 吴晗：《朝鲜李朝实录中的中国史料》，中华书局 1980 年版，第 173 页。

不受。①

1403 年

四月。己未，上赠使臣衣帽及靴，唯居仁（明使赵居仁）不受。壬申，上如太平馆宴使臣，赠马各二匹及黑麻布、白苎布、人参、花席等物。独居仁不受。②

八月乙卯，朝廷使臣宦官田畦、裴整，给事中马麟等，赍诏书及礼部咨文来。庚申，使臣至阙，上迎入清和殿设宴。畦等献上段一匹、段衣一袭，中宫段、纱各一匹。

十月。辛未，朝廷使臣黄俨、朴信、翰林侍诏王延龄、鸿胪行人崔荣至，赍冕服及太上王表里、中宫冠服、元子书册而来。礼部咨曰："钦依给赐朝鲜国王并王父段匹、书籍等件及中宫殿下赏赐王妃冠服礼物。（中略）国王冠服一幅：香皂皱纱九旒太平冠一顶，内：玄色素苎丝表、大红素苎丝里平天冠板一片，玉桁一根，五色珊瑚玉旒并胆珠共一百六十六颗，内：红三十六颗、白三十六颗、苍三十六颗、黄三十六颗、黑一十八颗、青白胆珠四颗。金事件一副，共八十件，内：金簪一支、金葵花大小六个、金池大小二个、金钉并蚂蟥搭钉五十八个、金条一十三条。大红熟丝线绦一幅。大红素丝罗旒珠袋二个。九章绢地纱衮服一套，内：深青妆花衮服一件、白素中单一件、深青妆花黻领沿边全，薰色妆花前后裳一件、薰花妆花蔽膝一件、上带玉钩五色线绦全，薰色妆花锦绶一件、薰色妆花佩带一幅、上带金钩玉玎珰全，红白大带一条、青熟丝线组绦全。玉圭一支、大红素苎丝夹圭袋全。大红苎丝舄一双、上带素丝线绦青熟丝线结底。大红素绫棉袜一双。大红平罗夹包袱二条。大红油绢包袱一条。茜红包裹毡三条。锦段、苎丝纱罗共一十六匹，内：锦二段、金苎丝二匹、素苎丝四匹、织锦罗二匹、素罗二匹、织金纱二匹、素纱二匹。《元史》一部，《十八史略》《山堂考索》《诸臣奏议》《大学衍义》《春秋会通》《真西山读书记》《朱子全书》各一部。"③ 王父段、苎丝、纱罗共一十匹。王妃冠服一部，珠翠七翟冠一顶，结子全，上带各样珍

---

①　吴晗：《朝鲜李朝实录中的中国史料》，中华书局 1980 年版，第 179 页。

②　吴晗：《朝鲜李朝实录中的中国史料》，中华书局 1980 年版，第 186 页。

③　吴晗：《朝鲜李朝实录中的中国史料》，中华书局 1980 年版，第 194 页。

珠四千二百六十颗,内:豆样大珠一十四颗、大样珠四十七颗、一样珠三百五十颗、二样珠八百五十八颗、三样珠一千二百三十五颗、五样珠四百二十颗、八样珠七百二十颗、九样珠六百一十六颗。金事件一副,内:累丝金翟一对、金簪一对、累丝宝钿花九个。铺翠事件,内:顶云一座、大小云子一十一个、鬓云二个、牡丹叶三十六叶、穰花鬓二个、翟尾七个。口圈一副。花心蒂二副。点翠拨山一座。皂皱纱冠胎一顶。大红平罗冠罩一个。蓝青熟绢冠盝一个。木红平罗绡金夹袱一条。二朱红漆盛冠盝匣一个。朱红漆法服匣一座。线绦锁钥钉铰全。凡红油盛法服匣一个,锁钥全。各色素苎丝衣服霞帔等项四件,内:大红素苎丝夹大衫一件、福青素苎丝夹圆领一件、青素苎丝绶翟鸡霞帔一副、钑花金坠头一个。金段苎纱罗共一十匹。①

十一月己卯,赠黄俨、朴信、王延龄、崔荣等各衣一袭、靴、笠具。②

1404 年

五月,辛酉,遣司译院副使康邦祐押五运牛一千只赴辽东。赐赴朝廷火者二十名布匹。③

十一月甲辰,朝廷使臣宦官刘璟、国子监丞王峻用,奉敕书及赍赏赐来,以收到耕牛一万只,特赐彩币也。④

1406 年

春正月。己未。议政府上言请禁入朝使臣买卖,从之。启曰:"金银不产本国,年例、别例进献亦难备办。入朝使臣从行人等不顾大体,潜挟金银,且多赍苎麻布。又京中商贾潜志鸭绿江,说诱护送军,冒名代行,至辽东买卖,贻笑中国。今后使臣行次严加考察,毋得如前。其进献物色即随身行李依前定斤数外,不得剩数重载。如违论如律。"⑤

三月丙申。通事曹显启曰:"吾都里万户童猛哥帖木等入朝,帝授猛哥贴

① 吴晗:《朝鲜李朝实录中的中国史料》,中华书局 1980 年版,第 195 页。
② 吴晗:《朝鲜李朝实录中的中国史料》,中华书局 1980 年版,第 196 页。
③ 吴晗:《朝鲜李朝实录中的中国史料》,中华书局 1980 年版,第 201 页。
④ 吴晗:《朝鲜李朝实录中的中国史料》,中华书局 1980 年版,第 205 页。
⑤ 吴晗:《朝鲜李朝实录中的中国史料》,中华书局 1980 年版,第 216—217 页。

木建州卫都指挥使，赐印信钑花金带，赐其妻幞卓衣服金银绮帛。（后略）"①

七月丙午，如太平馆请使臣，置酒。赠四人马各一匹，又赠黄俨：苎麻布一百三十五匹、石灯盏三十事、席子十五张、松子三石，骏马三匹，貂鼠裘一领，角弓一张、箭一筒，及凡所需人参、山海食物，无所不具。其余使臣以次而降。俨始大喜。杨宁以所赠之少，怒且泣。上闻而笑之，更赠良马一匹。②

十月庚寅，遣礼曹参议安鲁生如京师，进纯白厚纸三千张，就咨礼部，乞以白黑苎麻布三百匹赴京易换祭服裁料回国。③

十二月丁未，朝廷内史韩帖木儿、杨宁等来。帖木儿宣敕，赐王珊瑚间茄蓝香帽珠一串、苎丝三十匹、熟绢三十匹、象牙二只、犀角二个，《通鉴纲目》《汉准》《四书衍义》《大学衍义》各一部，药材片脑、沉香等十八味。帝喜我进铜像，故有是赐。④

1407 年

五月丁卯，分遣朝臣求舍利于各道寺社，以黄俨等将至也。辛未，朝廷使臣司礼监黄俨、尚宝司尚宝奇原奉敕书来。敕曰："闻王父旧有舍利在天宝山等处。今令太监黄俨等迎取，可一一发来，并以彩段赐王及王妃，至可领也。"王及王妃各赐彩段三十匹。赐太上王彩段亦三十匹。癸酉，太上王出宝藏舍利三百三枚以授俨，俨甚喜，叩头而受。⑤

九月，庚申，偰眉寿赍礼部咨回自京师，一件为将布绢换马三千匹事。癸亥，仍赍备办奠物（明朝大行皇后去世），合用苎麻布各一百匹、人参一百五十斤而去。⑥ 乙亥，遣世子禔如京师，贺正也。（中略）路次盘缠，苎麻布六百匹。⑦

---

①　吴晗：《朝鲜李朝实录中的中国史料》，中华书局 1980 年版，第 217 页。
②　吴晗：《朝鲜李朝实录中的中国史料》，中华书局 1980 年版，第 219—220 页。
③　吴晗：《朝鲜李朝实录中的中国史料》，中华书局 1980 年版，第 221 页。
④　吴晗：《朝鲜李朝实录中的中国史料》，中华书局 1980 年版，第 221 页。
⑤　吴晗：《朝鲜李朝实录中的中国史料》，中华书局 1980 年版，第 224 页。
⑥　吴晗：《朝鲜李朝实录中的中国史料》，中华书局 1980 年版，第 227 页。
⑦　吴晗：《朝鲜李朝实录中的中国史料》，中华书局 1980 年版，第 227—228 页。

1408 年

三月戊午，置南城君洪恕于水原。恕之赴京也，刑曹佐郎金为民为书状官，私赍苏木以行。（中略）打角夫韩仲老私藏细布于进献方物柜内，及至，朝廷有内使点视方物，见而诘之，恕等无以对。恕又卖所骑私马易彩绢而来。至是事觉，得罪。①

四月庚辰，世子禔回自京师，街巷结彩，大臣迎于郊。（世子入京师，馆于会同馆，帝召见之）。赐彩丝衣五套，汗衫、里衣、裳、靴各一。李天祐以下至从事官三十五人彩丝衣一套，打角夫以下至从人七十八名各绢衣一套。②帝使礼部尚书赵羾赐世子金二锭、银十锭，苎丝五十匹，线罗五十匹；李天祐等各赏赐有差。③ 甲午，朝廷内使黄俨、田嘉禾、海寿、韩帖木儿、尚宝司尚宝奇原等来，敕告收到马三千匹并赏赐花银一千两、苎丝五十匹、素丝罗五十匹、熟绢一百匹。④

九月，壬申，（朝廷使臣都知监左少监）祈保、（礼部郎中）林观奉敕书及赐赙至王宫，赙赐绢五百匹、布五百匹、羊一百羫，酒一百瓶。⑤

1409 年

四月，甲申。谢恩使李良祐、副使闵汝翼回自京师。良祐等言："二月初九日帝幸北京。本国所进处女权氏被召先入，封显仁妃。其兄永均除光禄寺卿，秩三品，赐彩段六十匹、彩绢三百匹、锦十匹、黄金二锭、白银十锭、马五匹、鞍二面、衣二袭、钞三千张。（中略）崔得霏鸿胪少卿，秩五品。各赐彩段、金银、鞍马衣钞。"⑥

十二月戊午，辽东都司遣指挥方俊来义州催督易换马匹，遣吴真慰之，仍赐苎布二十匹。⑦

---

① 吴晗：《朝鲜李朝实录中的中国史料》，中华书局 1980 年版，第 229—230 页。
② 吴晗：《朝鲜李朝实录中的中国史料》，中华书局 1980 年版，第 230 页。
③ 吴晗：《朝鲜李朝实录中的中国史料》，中华书局 1980 年版，第 232 页。
④ 吴晗：《朝鲜李朝实录中的中国史料》，中华书局 1980 年版，第 232—233 页。
⑤ 吴晗：《朝鲜李朝实录中的中国史料》，中华书局 1980 年版，第 234 页。
⑥ 吴晗：《朝鲜李朝实录中的中国史料》，中华书局 1980 年版，第 236—237 页。
⑦ 吴晗：《朝鲜李朝实录中的中国史料》，中华书局 1980 年版，第 241 页。

1410 年

二月，庚戌，柳廷显、徐愈等回自京师。又闻廷显为显仁妃权氏之族，遣黄俨传权氏命，别赐彩段二匹、绢十匹、钞五百张、鞍马。（中略）己未，赐童猛哥帖木儿苎麻布各十匹、清酒二十瓶。①

冬十月壬寅，内史太监田嘉禾、少监海寿奉敕书来，嘉奖献马，且赐苎丝、线罗、彩绢、银两及马匹。又礼部咨发马价绢三万匹、棉布二万匹。②

十一月戊辰，光禄卿权永均如京师。上以红苎布十匹、黑麻布十匹授永均，使献于显仁妃。③

1411 年

四月。庚戌，遣判典农寺事权执智如京师，显仁妃之叔父也，故以为进香使。以白苎布、黑麻布各五十匹为祭奠之资。④

八月，己酉，使臣黄俨访显仁妃权氏母家。自是于任添年、郑允厚、崔德霏家皆设宴以慰，赠苎麻布若干匹。俨至每家，先曰："此家必赠我以布，我以细为贵。"⑤

九月己未，上及静妃、世子赠使臣衣物布匹，凡俨之所求，令工曹备办，物数不可胜计。⑥

1412 年

三月辛亥，郑擢、安省回自京师。（中略）仍献色丝、彩毯、毛子。⑦

1413 年

四月戊午，权永均、任添年、崔德霏、郑允厚等如京师，钦问起居也。

① 吴晗：《朝鲜李朝实录中的中国史料》，中华书局 1980 年版，第 243 页。
② 吴晗：《朝鲜李朝实录中的中国史料》，中华书局 1980 年版，第 248—249 页。
③ 吴晗：《朝鲜李朝实录中的中国史料》，中华书局 1980 年版，第 249—250 页。
④ 吴晗：《朝鲜李朝实录中的中国史料》，中华书局 1980 年版，第 251 页。
⑤ 吴晗：《朝鲜李朝实录中的中国史料》，中华书局 1980 年版，第 252 页。
⑥ 吴晗：《朝鲜李朝实录中的中国史料》，中华书局 1980 年版，第 252 页。
⑦ 吴晗：《朝鲜李朝实录中的中国史料》，中华书局 1980 年版，第 253 页。

以麻布百五十匹、人参三百斤,付永均买锦段以来。①

1414 年

春正月,辛巳,李茂昌、吕干回自京师。茂昌服阕与干赴京。帝敕茂昌袭父爵,仍赐白金、彩缯、鞍马于二人。②

1416 年

五月甲午,尚衣院进玉,以本国所产青玉磨造者也。千秋使孔俯之行,赍易换佩玉麻布四十六匹以去。己亥,始置段子织造色。庚子,命宫女缫丝。壬寅,命详定入朝人员私赍布物之数。丁巳,蚕室采访使李迹、别监李士钦复命。迹献所养生茧九十八石十斗,缫丝二十二斤,种连二百张。士钦献所养熟茧二十四石,缫丝一十斤,种连一百四十张。③

1417 年

五月戊戌,户曹详定赴京使臣布物:使、副使各十五匹,从事官十匹,大角夫五匹,茶、参外,其余杂物,一皆禁断。从之。④

七月丙寅,太监黄俨、少监海寿等奉敕书至,颁赐苎丝彩绢。翌日,厚赠以衣物,使臣与伴人等大喜。丁卯,黄俨请造藏物之库,勿令海寿知之,又请貂皮,乃与二百领。⑤ 癸未,黄俨等求赠方物,厚赠以貂皮、狗子诸物。⑥

八月乙酉,遣知申事赵末生问安于两使臣,赠以苎麻布、人参、花席、石灯盏、貂皮襦衣。丙戌,黄俨以将来粗棉布九百九十九匹请易马四十匹。俨等私自置市而罔市利,今日求某物,明日又求某物,至于伴人亦如此。若貂皮、麻布、席子、纸地、人参,至于醯醢,无所不求。有司不堪,上曲从之。⑦ 命都总制柳湿赍宣酝往善使臣行次。善天使至赵贤驿,见黄(俨)、韩

---

① 吴晗:《朝鲜李朝实录中的中国史料》,中华书局 1980 年版,第 256 页。
② 吴晗:《朝鲜李朝实录中的中国史料》,中华书局 1980 年版,第 259 页。
③ 吴晗:《朝鲜李朝实录中的中国史料》,中华书局 1980 年版,第 266 页。
④ 吴晗:《朝鲜李朝实录中的中国史料》,中华书局 1980 年版,第 271 页。
⑤ 吴晗:《朝鲜李朝实录中的中国史料》,中华书局 1980 年版,第 274 页。
⑥ 吴晗:《朝鲜李朝实录中的中国史料》,中华书局 1980 年版,第 275 页。
⑦ 吴晗:《朝鲜李朝实录中的中国史料》,中华书局 1980 年版,第 275 页。

（韩国处女之兄长）两氏而还。其行也甚速，赠苎麻布各十匹，伴人二各二匹。辛卯，遣前判司译院事傻耐于善天使行次，赠毛衣、毛冠及衣一袭，其二伴人各赐衣一。①

十二月辛丑，庐龟山、元闵生等回自北京。（朱棣对朝鲜所献美女韩氏很满意），赐黄、韩两女家金银、彩帛等物。②

1418 年

春正月壬子朔，遣谷山君延嗣宗、同知总制李愉如京师，谢恩也。授苎麻布百匹于嗣宗之行，盖欲买段罗以制朝服也。③

1419 年

八月己丑，使臣太监黄俨至，赐上王宴享及主上宴享，使臣谓上王曰："皇帝命臣曰：'中国非无酒果也，但道路阻远，乃以生绢三百匹、表里三十匹、羊一千头，以资酒果之债，王其输之，以王府所有，充其宴享之费。'"④

九月庚申，黄俨、王贤还，就献印经纸一万张。上王及上各赠黄俨等苎麻布、貂皮及各种方物甚多。俨犹求索不已，上欲副其意，皆命遗之。⑤

十月癸未，被掳汉人曾亚椒等五人自倭逃回，遣译者全义解赴辽东。（进贺使通事林密）又启："敬宁君之行，盘缠似为不敷。"上闻之，即命知印金伯壎赍细布二十匹，追授押解官全义。⑥

1420 年

春正月甲子，赠黄俨交绮麻布四匹、细绅六匹，钳铁带一腰、貂裘一领。⑦

---

① 吴晗：《朝鲜李朝实录中的中国史料》，中华书局 1980 年版，第 275—276 页。
② 吴晗：《朝鲜李朝实录中的中国史料》，中华书局 1980 年版，第 277 页。
③ 吴晗：《朝鲜李朝实录中的中国史料》，中华书局 1980 年版，第 277 页。
④ 吴晗：《朝鲜李朝实录中的中国史料》，中华书局 1980 年版，第 288 页。
⑤ 吴晗：《朝鲜李朝实录中的中国史料》，中华书局 1980 年版，第 288—289 页。
⑥ 吴晗：《朝鲜李朝实录中的中国史料》，中华书局 1980 年版，第 289 页。
⑦ 吴晗：《朝鲜李朝实录中的中国史料》，中华书局 1980 年版，第 291 页。

1424 年

二月癸亥，赍进官兵曹参议柳衍之、通事判事金乙玄等，受辛丑、癸卯二次马价布绢并八万八千二百九十匹于辽东，来复命。生大绢四万九千八百六十五匹、红绢一千六百一匹、蓝绢三百一匹、草绿绢九百三匹、青绢三百四匹、大棉布三万五千三百六匹。①

六月壬申，礼曹启："今使臣赍来绢二百匹，请以时值换干鱼。"从之。②

七月辛巳，奏闻使元闵生、通事朴淑阳先来启曰。（中略）赐闵声银一丁、彩段三匹。③

1426 年

七月壬辰，遣上护军金时遇赍奏本三道如京师。（中略）三进献赤狐皮一千领。④

十一月乙卯，传旨各道："进献赤狐皮择深赤而大者，以国库陈米豆换易。"⑤

1428 年

二月甲子，上曰："（前略）年鱼卵醢及系鹰好鹿皮一千张、鹅青匹段兜牟二部，并备以进。"（中略）传旨各道监司："有能生获进献黑狐者，赏以米五十石，棉布则五十匹。"⑥

三月丁亥，户曹据司译院牒呈启："本国使臣赴京时，本院官员输次随去，但许盘缠麻布三十匹、人参五觔，赍去辽东以后，各处人情不足。乞两使一行，则盘缠仍旧；一使独行，则量宜加给。请一使独行则依南京例，二品以上给四十匹，三品以下三十匹。"从之。⑦

---

① 吴晗：《朝鲜李朝实录中的中国史料》，中华书局 1980 年版，第 312 页。
② 吴晗：《朝鲜李朝实录中的中国史料》，中华书局 1980 年版，第 316 页。
③ 吴晗：《朝鲜李朝实录中的中国史料》，中华书局 1980 年版，第 316—317 页。
④ 吴晗：《朝鲜李朝实录中的中国史料》，中华书局 1980 年版，第 331 页。
⑤ 吴晗：《朝鲜李朝实录中的中国史料》，中华书局 1980 年版，第 333 页。
⑥ 吴晗：《朝鲜李朝实录中的中国史料》，中华书局 1980 年版，第 339 页。
⑦ 吴晗：《朝鲜李朝实录中的中国史料》，中华书局 1980 年版，第 340 页。

八月丙午，上谓代言等曰："使臣所卖段子品恶而价高，市人贸易者皆不欲之，和卖实难。其语迎接都监，传语使臣。"盖使臣所欲无穷，难以应之也。①

九月丁卯，昌盛回自辽东，多赍段子来贸易。②

---

① 吴晗：《朝鲜李朝实录中的中国史料》，中华书局1980年版，第343页。
② 吴晗：《朝鲜李朝实录中的中国史料》，中华书局1980年版，第343页。

参考文献

一、专著

[1]［日］木宫泰彦:《日中文化交流史》,胡锡年译,商务印书馆 1980 年版。

[2]［日］布目顺郎:《纤维文化史的研究（1—4 集）》,桂书房 1999 年版。

[3]［日］策彦周良:《初渡集》,讲谈社 1973 年版。

[4]［日］肥后和男:《邪馬台国は大和である》,秋田书店 1971 年版。

[5]［日］高桥健自:《世服》,思文阁 1975 年版。

[6]［日］宫崎康平:《まぼろし邪馬台国》,讲谈社 1970 年版。

[7]［日］谷田阅次、小池三枝:《日本服饰史》,光生馆 2000 年版。

[8]［日］桥本雄:《中华的幻想——唐物と外交の室町时代史》,勉诚出版 2011 年版。

[9]［日］日本史料集成编纂会:中国・朝鲜の史籍における日本史料集成:《明实录之部 1—3》,国书刊行会 1975 年版。

[10]［日］瑞溪周凤:《卧云日件录拔尤》,岩波书店 1992 年版。

[11]［日］山名邦和:《日本衣服文化史要説》,关西衣生活研究会 1983 年版。

[12]［日］上村观光:《五山文学全集:别卷》,思文阁 1973 年版。

[13]［日］汤谷稔:《日明勘合贸易史料》,国书刊行会 1983 年版。

[14]［日］田中健夫:《对外関係と文化交流》,思文阁 1982 年版。

[15]［日］田中健夫:《善隣国宝记・新订続善隣国宝記》,集英社 1995 年版。

［16］［日］王金林：《古代の日本—邪馬台国を中心として—》，六兴出版 1986 年版。

［17］［日］佐佐木高明：《日本の歴史——日本史誕生》，集英社 1991 年版。

［18］陈宝良：《明代社会生活史》，中国社会科学出版社 2004 年版。

［19］陈懋恒：《明代倭寇考略》，人民出版社 1957 年版。

［20］高春明：《中国历代服饰艺术》，中国青年出版社 2009 年版。

［21］何堂坤、何绍庚：《中国魏晋南北朝科技史》，人民出版社 1994 年版。

［22］洪迈：《夷坚志·支庚眷五·武女异疾》，中华书局 1981 年版。

［23］黄能馥、陈娟娟：《中国丝绸科技艺术七千年——历代织绣珍品研究史》，中国纺织出版社 2002 年版。

［24］郎瑛：《七修类稿》，上海书店 2009 年版。

［25］李采姣：《时尚服装设计》，中国纺织出版社 2007 年版。

［26］李福顺：《中国美术史》，辽宁美术出版社 2000 年版。

［27］李仁溥：《中国古代纺织史稿》，岳麓书社 1983 年版。

［28］李霞云：《服装造型设计》，中国纺织出版社 1998 年版。

［29］李诩：《戒庵老人漫笔》，中华书局 1997 年版。

［30］梁宗懔：《荆楚岁时记》，江西人民出版社 1987 年版。

［31］刘静夫：《中国魏晋南北朝经济史》，人民出版社 1994 年版。

［32］刘元凤：《服装设计学》，高等教育出版社 2005 年版。

［33］马兴国、宫田登：《中日文化交流史大系：民俗卷》，浙江人民出版社 1996 年版。

［34］孟晖：《中原历代女子服饰史稿》，作家出版社 1995 年版。

［35］沈从文：《中国古代服饰研究》，上海书店出版社 2005 年版。

［36］沈德符：《万历野获编》，中华书局 1997 年版。

［37］脱脱：《宋史·舆服志》，中华书局 1987 年版。

［38］汪向荣：《邪马台国》，中国社会科学出版社 1982 年版。

［39］王雪莉：《宋代服饰制度研究》，杭州出版社 2007 年版。

［40］王勇：《日本文化——模仿与创新的轨迹》，高等教育出版社 2001 年版。

［41］吴淑生、田自秉：《中国染织史》，上海人民出版社 1986 年版。

［42］肖文陵、李迎军：《服装设计》，清华大学出版社 2006 年版。

［44］尹定邦：《设计学概论》，湖南科学科技出版社 2001 年版。

［45］原研哉：《设计中的设计》，山东人民出版社 2006 年版。

［46］赵丰：《中国丝绸艺术史》，文物出版社 2005 年版。

［47］郑若曾：《筹海图编》，李致忠点校，中华书局 2007 年版。

［48］周作人：《周作人文选·杂文》，群众出版社 1999 年版。

［49］朱元璋：《明太祖集》，胡士萼校注，黄山书社 1991 年版。

［50］诸葛元声：《两朝平攘录》，全国图书馆文献缩微复制中心，1990 年。

二、期刊

［1］［日］陈小法：《初渡集からみた日本五山における漢語の変容》，载《神奈川大学人文学研究所报》，2006 年第 41 期。

［2］［日］西上实：《柯雨窗赞策彦周良像》，载《国华》，2000 年第 5 期。

［3］李平：《面料再造的艺术表现力》，载《服装设计师》，2009 年第 10 期。

［4］章舜娇：《武术扇的渊源》，载《体育文化导刊》，2008 年第 7 期。